国家出版基金项目
NATIONAL PUBLICATION FOUNDATION
重庆市出版专项资金资助项目

Foreign Studies on Marxism and Socialism Series
国外马克思主义和社会主义研究丛书

顾问　徐崇温　　　主编　李慎明

马克思与人性

〔英〕诺曼·杰拉斯 著　魏南海 译

重庆出版集团　重庆出版社

图书在版编目(CIP)数据

马克思与人性 / (英) 诺曼·杰拉斯著；魏南海译. —重庆：重庆出版社, 2023.5

(国外马克思主义和社会主义研究丛书)

ISBN 978-7-229-18221-2

Ⅰ. ①马… Ⅱ. ①诺… ②魏… Ⅲ. ①马克思主义哲学—人性论—研究 Ⅳ. ①B82-061

中国国家版本馆CIP数据核字(2023)第238758号

MARX AND HUMAN NATURE: A REFUTATION OF A LEGEND
By NORMAN GERAS

版贸核渝字(2022)第019号

马克思与人性
MAKESI YU RENXING
〔英〕诺曼·杰拉斯 著
魏南海 译

责任编辑:吴 昊 荣思博
责任校对:何建云
装帧设计:刘沂鑫

重庆出版集团
重庆出版社 出版
重庆市南岸区南滨路162号1幢 邮编:400061 http://www.cqph.com
重庆出版社艺术设计有限公司制版
重庆天旭印务有限责任公司印刷
重庆出版集团图书发行有限公司发行
E-MAIL:fxchu@cqph.com 邮购电话:023-61520646
全国新华书店经销

开本:700mm×980mm 1/16 印张:6.75 字数:80千
2023年5月第1版 2023年5月第1次印刷
ISBN 978-7-229-18221-2
定价:28.00元

如有印装质量问题,请向本集团图书发行有限公司调换:023-61520678

"国外马克思主义和社会主义研究丛书"
编委会名单

在学习借鉴中发展21世纪马克思主义和当代中国马克思主义

李慎明*

习近平总书记在哲学社会科学工作座谈会上的重要讲话中明确指出:“我国哲学社会科学的一项重要任务就是继续推进马克思主义中国化、时代化、大众化,继续发展21世纪马克思主义、当代中国马克思主义。”①这一要求,对于我们在新的历史起点上坚持和发展马克思主义,具有重大的现实意义和深远的历史意义。

为深入贯彻落实习近平总书记重要讲话精神,在中宣部理论局指导下,中国社会科学院世界社会主义研究中心会同重庆出版集团选编了这套“国外马克思主义和社会主义研究丛书”。经过众多专家学者和相关人员的辛勤努力,终于开始奉献在广大读者的面前。

进一步加强国外马克思主义研究,是坚持以马克思主义为指导、坚持和发展中国特色社会主义的需要。2013年1月5日,习近平总书记在新进中央委员会的委员、候补委员学习贯彻党的十八大精神研讨班开班式上的重要讲话中明确指出:“中国特色社会主义是社会主义

*李慎明,十二届全国人大常委、内务司法委员会副主任委员,中国社会科学院原副院长,中国社会科学院世界社会主义研究中心主任、研究员。

①《人民日报》,2016年5月18日。

而不是其他什么主义，科学社会主义基本原则不能丢，丢了就不是社会主义。”[①]在哲学社会科学工作座谈会上的重要讲话中，他又强调指出：“坚持以马克思主义为指导，是当代中国哲学社会科学区别于其他哲学社会科学的根本标志，必须旗帜鲜明加以坚持。”[②]2008 年国际金融危机对西方国家的影响和冲击至今仍未见底，这是生产社会化直至生产全球化与生产资料私人占有这一根本矛盾的总爆发，本质上是资本主义经济、制度和价值观的危机。经济全球化、新的高科技革命和世界多极化都在深入发展，各种政治理论思潮此起彼伏。马克思主义的“幽灵”重新徘徊在发达的资本主义社会上空。全球范围内的马克思主义和左翼思潮也开始复兴。中国特色社会主义已巍然屹立于当今世界之林。在强大的事实面前，即便是一些西方学者，也不得不承认马克思主义的强大生命力和对西方社会的重要影响力。西方国家的一些马克思主义研究者或信仰者说得更为深刻。日本著名作家内田树呼唤道：“读马克思吧！”“读过马克思之后，你会感觉到你自己思考的框子（或者说牢笼也可以）从外面被摇晃着，牢笼的墙壁上开始出现裂痕，铁栅栏也开始松动，于是你自己就会领悟到原来自己的思想是被关在一个牢笼当中啊。”[③]这些都充分说明，马克思主义的基本原理和科学社会主义的基本原则决没有过时。对这些基本原理和基本原则，我们在任何时候和任何情况下都必须毫不动摇地坚持。正因如此，习近平总书记多次强调我们党要坚持以马克思主义为指导，哲学社会科学研究工作要以马克思主义为指导，强调全党特别是党的中高级干部要认真学习马克思主义的经典著作，强调哲学社会科学工作者

①《十八大以来重要文献选编（上）》，中央文献出版社，2014 年 9 月第 1 版，第 109 页。

②《人民日报》，2016 年 5 月 18 日。

③〔日〕内田树、石川康宏：《青年们，读马克思吧！》，于永妍、王伟译，红旗出版社，2013 年 10 月第 1 版，第 26 页。

要认真学习马克思主义的经典著作。进一步加强国外马克思主义研究,积极借鉴国外有益经验和思想成果,无疑有助于我们在新的形势下更好地理解马克思主义的基本原理和科学社会主义的基本原则,以更好地坚持以马克思主义为指导,推进中国特色社会主义事业健康发展。

进一步加强国外马克思主义研究,是发展21世纪马克思主义、当代中国马克思主义的需要。中国是个大国。不仅是世界上最大的发展中国家,而且是世界上最大的社会主义国家;经济规模是世界第二;人口是世界人口的1/5。而且,中国有着马克思主义中国化的丰硕成果以及5000多年的优秀文化传统。新中国成立至今,特别是冷战结束至今,无论是国际还是国内实践,都为我们坚持和发展马克思主义提供了正反两方面的十分丰厚的沃壤。当今世界正在发生十分重大而深刻的变化,当代中国正在进行着人类历史上最为宏大而独特的实践创新,也面临着许多可以预料和难以预料的新情况新问题。习近平总书记指出:“这种前无古人的伟大实践,必将给理论创造、学术繁荣提供强大动力和广阔空间。这是一个需要理论而且一定能够产生理论的时代,这是一个需要思想而且一定能够产生思想的时代。我们不能辜负了这个时代。”①我们在坚持马克思主义基本原理的同时,决不能固守已有的现成结论和观点,必须结合当今的世情、国情、党情和民情,以与时俱进、奋发有为的姿态,解放思想、实事求是,坚持真理、修正错误,创新和发展21世纪的马克思主义和当代中国的马克思主义。

进一步加强国外马克思主义研究,是更加积极借鉴国外马克思主义研究有益成果的需要。改革开放以来,我国马克思主义研究步入了新的发展阶段。译介、研究和借鉴国外的马克思主义研究著作,成为马克思主义研究一个不可或缺的组成部分。20世纪70年代末,我国

①《人民日报》,2016年5月18日。

的国外马克思主义研究进入一个新的阶段,西方各种思潮包括“西方马克思主义”也一并进入中国,引起了学术界的关注。随着东欧剧变和苏联解体,20 世纪 90 年代初期我国对国外马克思主义的研究曾一度收缩。随着改革开放的深入,90 年代后期又开始逐步扩大,到 21 世纪头 10 年又进入了新的高速发展时期。作为深入实施马克思主义理论研究和建设工程的重要内容,2005 年 12 月,我国设立了马克思主义理论一级学科,国外马克思主义研究成为其中一个重要的二级学科。应该说,经过近 40 年的发展,我国国外马克思主义研究取得了长足的进步,结出了丰硕的成果,为增强马克思主义的影响力和说服力注入了新的内容,同时也为增强人们对中国特色社会主义的道路自信、理论自信、制度自信、文化自信,提供了有价值的理论资源。但同时也要清醒地看到,我国国外马克思主义研究所取得的成果,与它理应承担的使命、任务相比还存在不小差距。虽然国外马克思主义研究的前沿流派和代表人物不断被引介过来,一些比较新奇的观点也令人有眼花缭乱之感,但总体上看,国外马克思主义研究并不尽如人意,一些问题也越来越突出。比如,在表面的繁荣之下,有的被研究对象牵着鼻子走,失去了曾经清晰的目标;有的陷入至今仍未摆脱的迷茫和瓶颈期。又比如,在国外马克思主义研究过程中,有的缺乏辩证思维,把“西方马克思主义”奉为圭臬,认为它富有“新思维”,是马克思主义的新发展;有的甚至把列宁、斯大林时期的马克思主义和中国的马克思主义看作是“走形变样”的政治话语,是“停滞、僵化的马克思主义”。国内外也有一些人企图用黑格尔来否定马克思,用马克思来否定列宁,用否定列宁来否定中国的革命、建设和改革开放,进而企图把中国的社会主义现代化建设和改革开放引入歧途。

虽然造成上述状况的原因是多方面的,但翻译性学术著作和资料的数量有待进一步拓展、质量有待进一步提升,也是其中的重要原因。总的看,目前国外马克思主义研究著作虽已有许多被译成中文出版,但整体上并不系统，而且质量参差不齐。

从借鉴国外马克思主义研究有益成果，发展 21 世纪马克思主义、当代中国马克思主义这一宗旨出发，在新的条件下继续翻译出版“国外马克思主义和社会主义研究丛书”，必将有助于我国学界更加深入、系统地研究国外马克思主义。这套丛书的出版，可以说是对国外马克思主义研究成果的一次重新整理，必将有利于我们进一步深化国外马克思主义研究，在借鉴国外马克思主义研究的有益资源过程中，为繁荣发展 21 世纪马克思主义、当代中国马克思主义作出新的贡献。

经过比较严格的遴选程序进入这套丛书的著作，主要聚焦和立足马克思主义理论研究，既注重立场性、代表性、权威性和学术性的统一，又兼顾时代感和现实感。同时，我们还请译者分别为每本著作撰写简评并放在各本著作的前面，对该书的核心思想和主要内容作了简要介绍和评析，以尽可能帮助读者了解这些作品的理论价值、现实意义和历史局限。

这里特别需要指出的是，由于我们的能力、水平有限，这篇总序和每一本书的简评，或许还存在这样那样的不足，敬请各位读者不吝指教。不妥之处，我们将及时修正。

我们希望，这套丛书既能够在理论界、学术界，同时又能够在广大党员干部中产生一定影响，以期不断加深人们对马克思主义和社会主义的理解、把握和认同。

是为序。

2016 年 12 月 1 日

译者序

诚如习近平总书记指出的那样，马克思“是近代以来最伟大的思想家”[①]。在距离马克思诞生两个多世纪的当下，即使人类社会已经并且仍在经历着巨大而深刻的变化，马克思的学说仍然闪烁着耀眼的真理光芒，其深刻的批判智慧和面向未来的革命精神，照亮了人们在历史规律的探索中追求自身解放、自由和全面发展的大道，深刻地改变了世界的面貌和中国的命运。

然而，作为一个具有深远国际影响力的话语体系，马克思主义的观点和思想在广泛地被人们信奉、承继、阐释和创新的同时，也常常会在不同时期受到来自不同革命阵营、出于不同政治目的、为了不同现实利益的一些人群的质疑、诘难、解构、批判，其中影响比较大的质疑和挑战大致有下几种：一是质疑马克思的概念和观点。例如，雷蒙·阿隆认为马克思的阶级概念在很大程度上是随意选择的一个概念，“充满感情色彩，并且模棱两可……在马克思主义中起着决定性的作用，然而它在马克思的任何著作中都没有成为系统论

①《人民日报》，2018年5月5日。

述的对象”[①]。二是认为马克思的观点已经过时、失效。比如苏联解体后，弗朗西斯·福山曾公然提出“历史终结论”，宣称“社会主义失败了”，“马克思主义过时了”，为西方民主制度的全球扩张大肆鼓吹（值得一提的是，2022年3月30日，英国杂志《新政治家》的一篇专访文章指出，福山认为“历史终结论”本身可能会走向终结）。三是认为马克思本人在早期和晚期的思想观点存有断裂。路易·阿尔都塞批判一些马克思主义哲学家“为了让别人起码能听得下去，不得不把自己乔装改扮起来——他们这样做完全出自自然的本能，而不怀有任何策略的考虑——他们把马克思装扮成胡塞尔、黑格尔或提倡伦理和人道主义的青年马克思，而不惜冒弄假成真的危险”[②]，为此他们提出“认识论断裂”说，以说明马克思的思想在1845年前后因为“总问题”的变化而发生转折和“断裂”。此外，还有人要么指责马克思主义“无实证”而缺乏科学性，要么断言马克思主义是黑格尔意义上的纯粹的历史主义的延续或改装，等等。毫无疑问，这些质疑或挑战也受到了马克思主义阵营左翼人士的猛烈抨击和批判。本书的作者诺曼·杰拉斯（Norman Geras）便是其中较为典型的一位马克思主义左翼学者。

诺曼·杰拉斯（1943—2013），英国著名政治理论家，是第二次世界大战之后成长起来的最重要的马克思主义哲学家之一。在2013年10月18日因病去世之前，杰拉斯是英国曼彻斯特大学政治学名誉教授。他坚信，只有认可核心自由概念的永恒价值，才能进一步丰富马克思主义。在冷战期间，他是斯大林主义的坚定反对者。冷战结束后，他又对西方左翼人士普遍接受的萨达姆·侯赛因等独裁者的暴君行径进行了最顽强的批评。《诺曼·杰拉斯读本：存在即存

①〔法〕雷蒙·阿隆：《阶级斗争：工业社会新讲》，陶以光译，译林出版社，2003年版，第14页。

②〔法〕路易·阿尔都塞：《保卫马克思》，顾良译，商务印书馆，1984年版，第8页。

在》一书的主编本·科恩（Ben Cohen，作家、广播员和媒体顾问，现居美国纽约）曾高度评价他为“反对反犹太主义和种族主义的勇敢斗士”。在其学术生涯中，杰拉斯在马克思主义经典文献的重要文本解读方面开展了许多开创性工作，享誉于国际政治理论和马克思主义学术界。2003年之后的十多年间，杰拉斯坚持在其个人博客“Normblog”上发表文章、图片和视频，吸引了来自世界各地的众多粉丝前来浏览，并与他们频繁互动，其国际影响力得以提升。作为一个多产作家，他撰写了大量随笔、评论、研究论文和学术著作，对基本的哲学概念和问题（如人性在马克思主义理论中的重要地位）、国际政治问题（如大规模政治暴行之下国际社会的权利和义务）等主题进行广泛而又深入的解读、评论和批判。诺曼·杰拉斯先后撰写或编写的主要著作有：《罗莎·卢森堡的遗产》（1976年）、《马克思与人性》（1983年）、《革命的文献：马克思主义论文集》（1986年）、《极端话语：激进的伦理学与后马克思主义的铺张》（1990年）、《人类对话中的团结：理查德·罗蒂的自由主义毫无根据》（1995年）、《互不关心的契约：大屠杀后的政治哲学》（1998年）、《反人类罪：一个概念的诞生》（2011年），以及《不平等与民主平等主义：马克思的经济思想及其超越和其他论文集》（2018年，杰拉斯去世5年后出版）。这些作品表述清晰、论证有力，广受读者喜欢。在20世纪80年代以来因社会进步运动而对当下生存定位感到困惑和失望的一整代西方马克思主义左翼人士中，很多人从他的这些作品中找到了重要启示。

《马克思与人性》作为诺曼·杰拉斯的一部代表作，不仅强有力地反驳了阿尔都塞等人的“认识论断裂”说，也充分展示了诺曼·杰拉斯在把握和解读马克思主义经典文献的重要文本方面所具备的深厚理论功底和所进行的全面扎实工作。除前言和导论之外，全书共有四章内容：

第一章着重对与“人性”相关的术语进行定义。这里，杰拉斯指出，人们在使用“人性”一词时，通常有两种不同的含义：一种是指普遍存在的人性特征；另一种是指可能会因时间、地点、环境变化而变化的人性特质。从广义的角度来看，“人性”一词与“人的本性”一词相类似。从狭义的角度来看，“人性”指的是永恒的或普遍存在的人类特性，即不变性。为了论述清晰，作者在使用中系统地区分了“人性”和“人的本性”这两个术语。前者用来表示人类特性中永恒的、普遍的那种存在，而后者用来在特定语境下表示广泛意义上的完整的人类性格。此外，作者还明确了对“人的‘本质’”“人”和“人们”等术语的使用情况。

马克思《关于费尔巴哈的提纲》的第六条是持“认识论断裂”说的学者们判定马克思在1845年之后摒弃人性观的重要文本依据。因此，在第二章中，作者杰拉斯从语言学的角度对《关于费尔巴哈的提纲》第六条的全部文本进行了详尽的考察，从马克思思想的更广泛语境对这些文本中各个句子的语法结构、相互之间的内在关系、其中一些关键表述的语境意义，以及可能存在的歧义进行了各种可能的考量，重点是讨论对第三句话的四种可能性解读：(a)(1)在其现实性上，人性依赖于一切社会关系的总和；(a)(2)在其现实性上，人的本性依赖于一切社会关系的总和；(b)(1)在其现实性上，人性被一切社会关系的总和所揭示；(b)(2)在其现实性上，人的本性被一切社会关系的总和所揭示。通过逐一讨论，作者指出，马克思《关于费尔巴哈的提纲》的文字表达晦涩难懂、高度凝练、风格奇特，仅凭第六条的直接语境难以解决其语义上的模棱两可，因此不能武断地依据《关于费尔巴哈的提纲》第六条来确定马克思的人性观立场，必须查看和援引马克思其他著作中的其他证据，“首先是离《关于费尔巴哈的提纲》最近的那些”。

为了证实可通过马克思的后期著作来佐证马克思在《关于费尔

巴哈的提纲》第六条中的确切意思，杰拉斯在第三章中对马克思的《神圣家族》《德意志意识形态》《〈黑格尔法哲学批判〉导言》《巴黎笔记》《资本论》等其他重要文献进行了考察。通过大量的文本对比研究，杰拉斯指出这些文本在人性概念表述方面前后呼应，在语言技巧使用方面也前后相似，几乎完全相同。因此，阿尔都塞的“总问题”概念完全是故弄玄虚，进而其提出的“认识论断裂”说也是站不住脚的。事实上，从历史唯物主义思想的萌芽、提出到最后形成的整个历程中，马克思始终延续了其在早期著作中便已经存在的关于人性的信念，“在他年轻时的著作中有着最清晰的血统可能”，人性概念是历史唯物主义的基础，“确切地说，它是历史唯物主义理论基础的一部分”。

在最后一章中，杰拉斯进一步考察了关于马克思摒弃了人性观的误解是如何变得如此普遍、影响如此之广。针对马克思摒弃人性观这一说法的两套其他理由，即除《关于费尔巴哈的提纲》第六条之外的其他文本证据和马克思摒弃人性概念的原因考量，杰拉斯一一予以简要的评述和批判，从而进一步捍卫了马克思的人性观，指出“马克思没有摒弃人性观——他这么做是对的”。毫无疑问，诺曼·杰拉斯从术语定义出发对马克思在《提纲》第六条中的人性观立场进行讨论，并在对《提纲》前后的重要文本进行对比研究的基础上进一步驳斥马克思摒弃人性观这一错误说法的所谓其他文本证据和原因考量，这种反驳，在范式和逻辑上合情合理，比较有说服力。

我们必须承认，不论是从《关于费尔巴哈的提纲》第六条本身的文本来说，还是从马克思在1845年之后撰写的其他重要文献来看，马克思关于人性的信念与其早期著作是相一致的，始终贯穿于马克思主义唯物史观从萌芽到形成的整个过程之中，构成其理论基础的一个重要组成部分。然而遗憾的是，在本书中诺曼·杰拉斯仅仅局限于驳斥马克思摒弃人性观这一说法，而没有进一步系统论证和说明马克思人性观的具体内容，没有阐明马克思人性观在马克思主义理论体系中的重要作用，更没有结合人类历史发展过程和社会重大现实阐述马克思人性观的历史进步和现实意义。

近两年来世界范围内的新冠疫情大流行，使得人类生存和生活的现实世界发生了许多颠覆性的变化。疫情肆虐不仅冲击和威胁到人类的身心健康，更是考验和重塑着人性，让包括译者在内的人们深切地关注到人性问题。在这一时期接手翻译本书的任务，让译者不得不谨慎为之，不但在翻译时多方查证文献，而且在翻译之后多次校读译稿，之于这一小小序言，更是迟迟不敢下笔。幸运的是，在本书的翻译过程中及其后的一些工作中，有我的导师张雄教授和师母朱璐副教授的帮助，以及董必荣老师、逯继明老师等一众师兄弟和多位同事和家人给予的大力支持和鼓励，才使我敢于将译稿交付重庆出版社。重庆出版社编辑的宽容和理解，也着实令我感动不已，使我敢于写下本序以勾抒心中激荡的谢忱。亦当明言的是，缘于本人才疏学浅，本书译文在语言表达和词意择选等方面恐怕尚有不尽如意之处，对此本人恳请学界诸公和读者诸友不吝指正。

魏南海
2022年5月30日于上海

目　录

众所周知，闪电只是炫目的一瞬，却不能照明通途：在漆黑的夜晚，要想给划过的闪电定位，是何其困难之事。

——路易·阿尔都塞《保卫马克思》

前言

这本书的篇幅虽小，却试图一劳永逸地消除人们对于卡尔·马克思思想的一种冥顽不化的固执认识。这番“雄心壮志”依赖于坚实的论据和合理的论证，因此不是天方夜谭。我希望本书中所提供的证据和论断足以证明人们对于马克思的认识的谬误性。无论如何，这个予以结论性反驳的希望，正是本书的特色之处，这一点最好提前让读者知晓。我会在这里先给出一番简评，从而预先消除一些成见，这将有助于最终达成本书的目的。

不论是在马克思主义范围内的讨论中还是在关于马克思主义的讨论中，在接触到这样一种观点——对普遍人性观的否定是马克思主义创始人留给这个思想传统的重要思想之一——之前，你都不会深入其中。这种观点，在阿尔都塞的“理论反人道主义”理论赋予它以新的信心和活力时，早已经深入人心了。我一直认为它非常值得关注。1979年初的一个晚上，我出席了某个研讨会。正是这次参会，让我想要直面它。事实上，这次研讨会既与马克思无关，也与马克思主义无涉，其主题关涉的是人的需要。我想不起来当时讨论的具体细节，只记得人类共同需要概念在理论和实践上的可行性受到了普遍怀疑，而这在一定程度上——至少在我看来是这样的——为相对主义和理想主义之类的冲动所证实。由于大部分哲学和社会科学领域充斥着相对主义和理想主义的论调，这里可能没有什么令人困惑之处。但是，这次参会的确在我的脑海中凝聚成这样一个想法：马克思主义者，其中不乏一些潜在的唯物论者，竟然也往往会发起多多少少有些相仿的主题来支持一个类似的怀疑，这是多么奇怪的一件事啊。鉴于我所读过的马克思的著作，同样鉴于关于这个世界的一些显而易见的事实，提出并相信这种声称马克思摒弃了人性观的主张的竟然大有人在，这是多么不寻常的一种情况啊。

我决定去看看马克思著作中有什么内容通常被用来证实这一主张。答案是：不太多——实际上只是一段可以说是无关紧要的文章，尽管马克思本人认为包含这段文章的文本不适合发表；除此之外，还有其他一些零零碎碎的内容，但是考虑到在这个问题中的证据作用，这些内容根本毫无意义。唯一有任何貌似可信性的内容是《关于费尔巴哈的提纲》（简称“《提纲》”）中的一些句子。因此，我选择仔细地扩展分析这些句子，从而开始当前之研究。有些人可能会觉得这样的扩展分析有点过度，想知道为什么在马克思的著作中有那么多内容可以用来反驳这个主张时，我单单不满足于这样做，而是更急于从《提纲》中的这一段开始。我只想要求他们在评判这一开篇分析之前先消化吸收其后续内容。希望下文能让他们信服其用意。

在此不再赘述。关于马克思的评论已经汗牛充栋，把人们的注意力吸引到这个相反的证据上来了。一味地人云亦云，必定一无所获。但是，如果我们一开始便将注意力放在能最好地支持这个存在争议的主张的文本上，我们就能首先在该主张自己选择的阵地上与其展开正面较量，也可以说是在可能是其强项的地方与其交锋。事实表明，这样做是有收获的。这些文本也许只是寥寥几行，但却受到精细入微的关注，它们在解读马克思方面也因此被赋予千钧重任。靠着它们的支持，认为马克思摒弃了人性固有概念（但事实上他并没有这样做）的传说在文本证据的面前得以继续流传：我们或者只是对这个传说置之不理；或者如果承认它存在的话，只是将其视为以一种方式“阅读”马克思的基础而已，然而另一种可供选择的“阅读”方式与之相反；又或者说它并不代表马克思成熟思想的实际倾向或最深刻的倾向，等等。然而，对《关于费尔巴哈的提纲》中相关的这几行文本进行考察就会发现，它们的含义实际上并不明晰。我们可以运用许多种方式来理解它们。但是，当我们把对这段文字的各种可能解释放到唯一合理的语境中进行适当评价时，就可以证明，如此依赖它来解读马克思的做法完全不可行。从在文献学上的地位来看，它甚至连最微不足道的称谓都没有。

必须指出，我在这里提出的方法的第二个特点是我相信这种解读。从字面意义上来看，该论断认为马克思摒弃与普遍人性相关的所有概念。因为拥护这种论断的人们确实强调，马克思不是仅仅反对这一种或那一种的人性观，而是反对所有人性观。而且，唯有这样强调才为这种论断的提出作出辩解，似乎它是一个在理论上既大胆又重要的论断，向我们讲述着马克思的与众不同之处。如果这个命题仅仅是说马克思抛弃了关于人性的一些概念，那么它就不会是这样，也不会这样做。对谁来说不是这样呢？尽管如此，我知道，以单刀直入的方式来诠释这一特定论断，会给部分讨论内容增添一种奇特感，一种不真实感，而且如果有人采取比我这里所做更狭隘的观点来看待什么算作人性概念，那么这会导致人们作出这样的推测：它可能因此在理智上更为宽厚，是以该主张可能更为可信。当然，现在假使我们决定在这个主题下只列入马克思实际上并不赞同的用来表达人性构成的那些历久弥坚、司空见惯的概念，而不是（就马克思而言）他所给予关注的任何概念，那么该主张确实会显得非常可信。不过，我想不到一个真正令人信服的理由来这么做。从理智上来看，它确实宽厚仁慈，但它给我们的界定不但离奇古怪，而且更糟糕的是，带有偏见：依据心中已有的主张精心挑选；为援救尽管被广泛使用但却劣质不堪的论断蓄意设计。相反，本书中关于什么算作人性概念的观点，是一个相当标准的观点。我们将看到，这是一个从马克思自己的用法中找到的观点。最为重要的是，它包含在该主张拥护者们的实际言说之中，尽管这致使他们的主张变得不合理。忠实于他们的言说，胜过宽厚于这一主张。而且这不仅仅是时间的问题。这是一个与《皇帝的新衣》相类似的情况。在理智上，这一论断似乎立场清醒、严正。它也因此时常受到一致认可。然而，一旦你认真地对待它，一旦你审查它到底是什么，那么确切地说，就会看到它是不合理的。

和其他任何人一样，马克思的确摒弃关于人性的某些观点，但他也认为有些观点是正确的。重要的是，要将他所摒弃的类型和他未有摒弃的类型区别开来。更重要的是，要设法将这些观点中着实正确的与错误的区别开来。就关于人性的所有概念受到抛弃的问题进行泛泛而谈，无益于这两个目的的实现。我希望，本书能够借助更有限的文本更精准地说明马克思在这个问题上实际反对的东西，为取代这种论调作出某种贡献。

上述解释一清二楚地表明，本研究对待以马克思为研究对象的解读不是很恭顺友善。对此，我不予认错赔罪。我认为它提出的批判并无不公之处。尽管如此，上面所说的不应该得到这样的推论：在导致众多马克思主义者至少说服他们自己相信这种解读的诸因素之中，我看不到任何合理的关切。在本书的最后一章中，我在结束对文本材料的考量之后，继而考察了促使人们想要否定人性存在的各种原因。虽然我的主要目的是要揭示出它们的不当之处，但我确实说过——不管怎么样，我都有理由这么做——任何特定的论断都可能会夸大或以其他某种方式反映了什么合理的关切。举例来说，尽管我批判人们经常表述的这一看法，即人性概念确实是反动的，但是我承认它不仅存在着各种反动的变体，而且这些变体还会多么频繁地被人们碰见。

对致力于推进根本性和渐进式变革的那些人来说，这很可能便是让他们情愿接受这个概念的主要障碍：关于人性内在本质的保守和反动性假设甚嚣尘上。它们之所以如此，大概很大程度上归因于基督教原罪说的历史性影响，但还有其他五花八门的学说来源，既有世俗的也有宗教的，既有新生的也有古老的，都假设人性本恶并因此认为永远存在这样的或那样的社会之恶。此类观点封锁了各种思想进路，不利于从各种社会压迫中解放出来的预期。相对于关于人性的各种进步观念来说，在阶级社会依然存续期间，它们的无所不在也许始终是一种常态。剥削以及与之休戚相关的各种罪恶不但过去长期存在，现在也依然存在，这容易让人们对人类的性格特征和平常行为产生悲观的结论。几乎可以肯定的是，在实际上还不信服社会主义的任何听众面前，任何试图提出社会主义这样一个严肃的实践命题的人，将不得不与悲观的“人性”论作斗争。

然而，试图通过否认人性的存在来应对这种论断，来应对支持这种论断的保守文化的力量，就是拿一件百无一用的武器来对付一个强大的意识形态对手。不但是这样或那样的意识形态，还有广为人知的事实和真理——其中有一些源自日常经历，其他的则源自科学研究的成果——都会告诉我们的对方，这是愚蠢的做法。正确考虑什么是我们人性中固有的真正的基本需要和能力，才是唯一适当的反应。

在本书的写作期间，许多人给予我以大力支持和帮助。有关本书的建议、意见和讨论方面，在此谨向佩里·安德森（Perry Anderson）、大卫·比瑟姆（David Beetham）、罗宾·布莱克伯恩（Robin Blackburn）、柯亨（G. A. Cohen）、阿利斯泰尔·爱德华兹（Alistair Edwards）、迈克尔·埃文斯（Michael Evans）、阿黛尔·杰拉斯（Adèle Geras）、伊恩·高夫（Ian Gough）、弗雷德·哈利迪（Fred Halliday）、哈里·雷瑟（Harry Lesser）、卡罗琳·麦卡洛克（Caroline McCulloch)、戴维·麦克莱伦（David McLellan)、托尼·曼斯特德（Tony Manstead)、彼得·莫里斯（Peter Morriss)、雷蒙·潘兰特（Raymond Plant)、大卫-希勒尔·鲁本（David-Hillel Ruben)、伊恩·斯蒂德曼（Ian Steedman)、希勒尔·施蒂纳（Hillel Steiner）和乌苏拉·沃格尔（Ursula Vogel）等人致以衷心感谢。本书中如有任何不当之处，都不是他们任何一个人的责任。

我还要感谢索菲·杰拉斯（Sophie Geras）和珍妮·杰拉斯（Jenny Geras)，当我的日程安排和她们不一致时，她们在许多场合都表现出极大的宽容和耐心。

1982年12月于曼彻斯特

导论

无论马克思在1845年之后的思想发展与他早期作品的主题可能有何不同，这都不能说明他开始摒弃人性观。

在本书中，我仔细研究了马克思的《关于费尔巴哈的提纲》第六条。人们广泛引用这一条内容来证明他的确是这样做的。我的目的是撼动其作为证据的可信性。为达到这一目标，我在书中指出，毫无疑问，马克思后期的著作确实具体表达了这一观点，既起到了解释的作用也完成了规范的功能。

这一点实际上不需要指出。对那些稍微用点心读过他后期作品的人来说，马克思对历史特殊性和历史变革的那些众所周知的强调，没有使他脱离人性的所有一般概念，这似乎太过明显而不值得证明。许多人对他的历史理论进行了仔细研究。这些研究尽管各不相同，但都已经充分说明了这一点。①然而，与此相反的是，阿尔都塞及其学派所宣扬的一种相反的信念却产生了广泛的影响。这种信念在马克思主义者中尤其盛行。实际上，这是一个老掉牙的执念，即历史

---

①我参考了以下书目：G. A. Cohen, *Karl Marx's Theory of History: A Defence*, Oxford 1978, pp. 150–152; Michael Evans, *Karl Marx*, London 1975, p. 53; and Helmut Fleischer, *Marxism and History*, London 1973, pp. 25–26, 46。另外参见：John McMurtry, *The Structure of Marx's World-View*, Princeton 1978, pp. 19–37; Bertell Ollman, *Alienation: Marx's Conception of Man in Capitalist Society*, Cambridge 1971, p. 76; and Gajo Petrovic, *Marx in the Mid-Twentieth Century*, New York 1967, pp. 73–74。

唯物主义中没有人性的概念。阿尔都塞学派在这一问题上的影响由此而生。因为这种执念仍然存在，而且是不合理的，所以仍有必要对其提出疑问。

首先，我详细说明了本书是如何使用“人性”这一术语的。接着，在第二部分中对《关于费尔巴哈的提纲》第六条进行了分析，并在第三部分中考查了第六条在马克思著作整体中的地位。最后，在本书的第四部分中先后评述了其他一些针对马克思观点的假定证据和一些通常针对人性观的论断，并对它们的谬误之处予以批判。本书将对这些证据一一予以驳斥。

第一章 术语定义

通常来说，人们可以用两种方法来谈论“人性”。在第一种方法中，人们用这个术语来指称一个恒定不变的存在，指称人类几近普遍存在的各种特性。这些特性可以说是自然规律之一，而非历史多样性的一部分。有关人性排除了社会主义、人类持久和谐、直接民主等发生的可能性的主张通常涉及这种用法。但是，在第二种用法中，同一个术语可以表示一个变化不定的存在，正如当有人说“人性在不同的时间或地点，或因不同环境的影响而有所不同”时那样。此处提到的就是一个在历史上不断变化、在社会文化上明确具体的存在。

我不确定这些用法是否实际上包含“人性”一词的两个截然不同的含义。我们或许可以将其理解为表示广义上的“人类的性格”，承认人们可以把这种性格称作一个恒定不变的存在，或者是一个不断变化的存在，或者实际上是一个既有变化也有不变特征的复合体，等等。人们经常用于表达的一个密切相关的惯用语，即“人的本性”(the nature of man)，就类似于这种广义的含义。

但是，或许因为人们对不变性的反复断言促进了其与人性之间的联系，我认为，“人性”一词也暗示了不变性，这是其本身含义的一部分。比如说，一个人可以否认对上帝的信仰、对财产积累和权力的欲望、对公共事务的漠不关心等实际上是人性的一个特征，但他知道，如此种种都是各种各样情况下人类性格中的一个重要因素；其主张是，它们都不是永恒的或普遍的人类特性。这是从狭义的角度来理解“人性”。再说，在马克思主义者中并非罕见的“不存在人性（之类的东西）”的断言，确实依赖于这一更为狭义的含义。它对恒定不变的人类性格的存在提出了疑问。

无论如何，为了论断的表述明确，我会遵循一种术语使用策略，系统地区分“人性”（human nature）和“人的本性”（the nature of man）这两种表达。在这本书中，除了前面的说明，我只在我想表示一个恒定不变的存在时，即所有（相对）[①]永恒的和普遍的人类特性的集合时，才使用“人性”这种表达。除此以外，当我论及“人的本性”时，从我所指出的更广泛的意义来说，是用此来表示人类在某种特定语境下的完整性格。第一种用法根据定义把**人性**理解为一成不变的东西——尽管对于是否存在这样的东西可能会有争论——但第二种用法对**人的本性**的可变性程度并无定论。这可能或多或少是可变的。它不会排除各种人本学常量的存在，如果有的话。

这些表达中的哪一个是恰当的还尚不明确，我也希望暂时不下结论——正如我在一开始讨论《关于费尔巴哈的提纲》第六条后紧接着便揭示的那样——在那里，我说的是“人的‘本质’”（man’s “nature”），或者其他某个使用引号对其中的关键词进行限定以标记其不确定性的短语。除非另有说明，“人”“人们”等都是用来泛指两性。在需要不断引用根据同样用法进行翻译的文本节选的场合，我采用这种用法，只是为了便于说明和保持一致性。

①参见下文第四章中的第1点。

第二章
《关于费尔巴哈的提纲》第六条

马克思的《关于费尔巴哈的提纲》第六条如下：

> 费尔巴哈把宗教的本质归结于**人的**本质。但是，人的本质不是单个人所固有的抽象物，在其现实性上，它是一切社会关系的总和。
>
> 费尔巴哈没有对这种现实的本质进行批判，因此他不得不：
>
> （1）撇开历史的进程，把宗教感情固定为独立的东西，并假定有一种抽象的——**孤立的**——人的个体；
>
> （2）因此，他只能把人的本质理解为“类”，理解为一种内在的、无声的、把许多个人**纯粹自然地**联系起来的普遍性。

马克思的批判担负的主要责任相当明确。费尔巴哈的宗教观具有非历史性和非社会性的特点：他把宗教的根源定位到从任何社会形态抽象出来的这样的人的个体之中。这一批判是否精确，姑且不论。但是，马克思的读者们应该熟悉其中所体现的几处着重点：与自然相关的历史；与个人相关的一切社会关系；与个人的固有特征相关的、似乎“就在那里”的社会现实。在《提纲》的下一条，即

第七条中，马克思延续了基本上同样的风格：“因此，费尔巴哈没有看到，‘宗教感情’本身是社会的产物，而他所分析的抽象的个人，是属于一定的社会形式的。”[①]

然而，如果我们不超越这几行字的字面意思，其中就会有歧义之处，特别是在那些表述或者暗示有关人的“本质”的命题中。

马克思使用的德语表达是“das menschliche Wesen”。英语译者们在翻译第六条时通常将其翻译为“the essence of man”（“人的本质”）或者“the human essence”（“人类的本质”）。在他的作品的其他地方，有时又被译成“human nature”（“人性”）。[②]译者们通常假设第六条与人性有关，或是直接相关，因为这正是德语“Wesen”（“本质”）一词所指，或是间接相关，因为与人的本性有关便关涉到它。我认为这种假设是恰当的，或者至少没坏处：因为马克思在讨论人性时，要么采取直接的方式，要么通过讨论人的本性的方式；或者，马克思当时心中所想之物与这两个东西中的一个非常接近，近到没有任何区别。如果这一假设不正确，而且马克思在

---

①(原文中的格式均为斜体。翻译成中文后，除另有说明外，所有重点均采用黑体——译者注)。参见 Karl Marx and Frederick Engels, *Collected Works*(以下简称CW)，London 1975ff, Vol. 5, pp. 4–5。以下为1956年德文版的原文：

Feuerbach löst das religiöse Wesen in das menschliche Wesen auf. Aber das menschliche Wesen ist kein dem einzelnen Individuum inwohnendes Abstraktum. In seiner Wirklichkeit ist es das ensemble der gesellschaftlichen Verhältnisse.

Feuerbach, der auf die Kritik dieses wirklichen Wesens nicht eingeht, ist daher gezwungen:

1. von dem geschichtlichen Verlauf zu abstrahieren und das religiöse Gemüt fur sich zu fixieren, und ein abstrakt-isoliert-menschliches Individuum vorauszusetzen.

2. Das Wesen kann daher nur als “Gattung”, als innere, stumme, die vielen Individuen natürlich verbindende All-gemeinheit gefasst werden.

“Feuerbach sieht daher nicht, dass das ‘religiöse Gemüt’ selbst ein gesellschaftliches Produkt ist und dass das abstrakte Individuum, das er analysiert, einer bestimmten Gesellschafts-form angehört.”

②参见CW, Vol. 3, pp. 204, 217。

这里的兴趣点与它们两者相距甚远，这并不会损害我所捍卫的立场。相反，对于那些声称马克思拒绝人性观的人来说，这就非常之糟糕，因为到那时，被他们视作一件重要证据的主要候选对象就不合格了。因此，为避免术语扩散和混淆，同样为避免英语“essence”（“本质”）一词在这一语境下可能暗示的任何特殊的形而上学内涵，我摒弃了它，转而使用我所定义的两种表达。

至于这两种定义中的哪一个更恰当，我们暂不下结论。在试图解释《提纲》第六条第三句中所包含的对人的“本质”的肯定性描述之前，让我们先依次考虑最后一句和第二句话中分别包含的对人的“本质”的批判性和否定性描述。

请注意，在最后一句话中，马克思指责费尔巴哈**只是**把人的“本质”理解为类，理解为一种内在的把许多个人纯粹自然地联系起来的普遍性。马克思并没有说它**不是**这些东西。这句话允许我们作出这样一种解释，即对马克思来说，费尔巴哈是错误的，但不是因为他从“内在的”、“普遍的”、“类的”（或者“自然的”）特性的角度来看待人，而是因为他只从这些角度来看待人。说他是错误的，是说他的观点是片面的，而不是**简单地**说他是错误的。根据这种解释，马克思在这里可能是呼应他在两年前与阿尔诺德·卢格（Arnold Ruge）交流过的思想。马克思写道，费尔巴哈“过多地强调自然而过少地强调政治”。[①]

尽管如此，我们所讨论的这句话的结构不能排除马克思的批判可能更加严厉：费尔巴哈使用这类术语来理解人的“本质”是完全错误的。有些人会认为这是不可能的，对这个观点我将在适当的时候加以评论，但现在我们只停留在句子的结构上。当A不是B，或者

---

①Letter to Arnold Ruge，13 March 1843，CW，Vol. 1，p. 400.《关于费尔巴哈的提纲》很可能写于1845年4月。

当A是B但不只是B时，批判地指出，在某种概念不充分的情况下，“A可以被认为只是B”，是恰如其分的。这可能是否定A的B状态的一种方式，而不只是限定它的一种方式。我们来看看两个例子。如果我在反驳一个广为人知的关于资本主义的观点时说，“资产阶级和工人的关系被认为只是法律上相互平等的人之间的一种契约关系”，在这种情况下，我无需有意去否认这种关系正如描述的那样；我可以暗示它的一些重要的附加特征，特别是它是一种剥削关系。另一方面，如果我说，“根据这样那样的假设（胡乱的假设），马克思可以被认为只是一个傻瓜”，我的意思是，马克思不是一个傻瓜，而不是说他是其他东西的同时也是一个傻瓜。这样就有可能解决这一问题，即马克思在这里是想要从内在的、普遍的、类的特性等方面来摒弃人的概念，还是只是想从这些方面来限定它？

让我们来考察一下《提纲》第六条的第二句话。它与最后一句话之间有某种内在的联系。如果人的“本质”存在于每一个人之中，那么它就会具有那种内在的、普遍的性格，而最后一句话中或许否定它具有这种性格。从表面上来看，第二句话确实包含这样的否定：根据马克思的观点，人的“本质”并“不是单个人所固有的抽象物”。这似乎是相当明确的，所以，仍然忠于原文地来看，它可能是。但即使忠于原文来看，它不一定是。尽管这句话中含有明确的否定意思，但是马克思所说的并不一定包含这样一种信念，即人的“本质”断然不是单个人所固有的。诸如“A不是B；它是C”之类的公式，被用来传达这种明确的否定。“雇佣关系不是不公平的，它是相互平等的人之间的一种自由的、互利的交换”“马克思并非傻瓜，他是一个见解深刻并有原创性的思想家”——这些可以作为这种用法的例证。它们利用对同一个主题的两种不同描述之间的鲜明对比来驳斥其中的一个。那么，我们承认这种可能性是有的，即与个人是“一切社会关系的总和”相比，马克思的思想原来可能是：

人的“本质”，从根本上或者在任何方面来看，都不是“单个人所固有的抽象物”。然而，这并不是唯一的可能性。

因为，“A不是B”也可能有“A不**仅仅**是B”的含义。这要取决于后续的内容是什么。如果后续是对A的描述，并且与之前的描述不是明显相反，那么其含义可能大致上是A不仅仅是B，因为A大于B（就“大于”一词的不精确意义而言），而严格地来理解的话，A是C。比较一下这两句话：“宗教不是鸦片，它是真正的人类精神鸦片”；和“宗教不是内在的、私人的、精神上的事务，它是充斥着公共秩序的所有制度和惯例的总和”。如果我们把针对鸦片的标准态度归咎到第一种主张的拥护者身上，那么她可能是在否认这种描述宗教的方式。第二种主张的拥护者，无论如何都不一定也不可能否认宗教是内在的、私人的、精神上的（就这些词汇的一般意义而言）。她可以而且很可能就只是主张，作为一种无处不在的制度性和实践性现实，宗教不仅仅超过它们往往要传达的东西，而且想要表明其外在的公共特征的重要性或优先性。下面是另一个例子。我可以说，“语言不被个人拥有，它是一种社会性的集体现象”，而无需做这样的荒谬假设——精通并且会说（在某种程度上“拥有”）一种语言的，不是一个个的个人。这些例子的重点不是要否认一个给定的描述，而是通过突显该描述的主题的某个其他的、假定的重要维度，对其进行限定。

由于社会关系显然不同于单个人，也显然不同于单个人所固有的东西，那么从某种概念上来看，其差别，也即作为《提纲》第六条核心思想的对比，可能至少与上述例子中互利的交换与不公平之间、见解深刻的思想家与傻瓜之间、人类精神鸦片与鸦片之间的对比一样强烈。另一方面，人的个体在社会关系关涉的各类存在中确实占有重要地位，可以被看作是社会关系的一部分或特征。因此，我们必须承认，马克思认为人的“本质”与整个社会关系相关，其本意可能不是说它与单个人所固有的东西完全不同，而是说它“大于”单个人所固有的东西。这几行文字中所包含的对比的另一方，倾向于支持这种可能性。因为它们不仅让我们从个人所固有的东西转到社会关系，还从前者的抽象物转到后者的总和、整体。这暗示，“抽象”的含义就是马克思进一步用几行文字明确阐明的那个意思：**孤立的**事物的抽象，作为整体的一个部分与整体是分开的，因此是片面的。

从这个角度来看，《提纲》第六条的第二句话可能与我就宗教和语言的公众或社会方面所列举的例子相似。其含义可能是：人的“本质”不**仅仅**是单个人所固有的抽象物（即抽象的、片面的、孤立的存在）。这句话同样认为人的“本质”在**某些**方面是每个人内在的，因而是普遍的。马克思可能一直想通过将注意力吸引到人的“本质”的其他方面来温和地表达这一信念。他这样说，并不一定是在否定它。①

然而，我也已然承认，他可能一直想这样做。我们对《提纲》第六条第二句话的考察，还没有解决我们在最后一句话中发现的歧义。我们依然模棱两可：马克思在这里要么是从固有的和普遍的人类特性的角度完全摒弃人的“本质”概念，要么只是对它进行限定。让我们把这些可能性分别称作对这两句话的严谨解读和温和解读。

人们可能会倾向于接受用前面提到过的思路来进行温和解读，这一思路一定已经在一些读者的脑海中浮现出来。无论人的本质是不是社会关系的总和（或者是“特殊的社会形态”），普遍的人类特性都

①如果将德语短语“ist kein...Abstraktum”翻译成“is not an abstraction...”(意思是“不是……的抽象物”)，这一点也可以讲得很清楚［参见 T. B. Bottomore and Maximilien Rubel (eds.), *Karl Marx*: *Selected Writings in Sociology and Social Philosophy*, Harmondsworth 1963, p. 83］。当我说“曼彻斯特大学不是一个建筑群，它是一个充满活力的知识分子社区”的时候，我未必是在否认曼彻斯特大学是建筑群。

是每个人所固有的存在，这一点不仅仅是正确的，而且明显如此。同样明显的是，对这一点的否认不仅仅是错误的，而且还是荒谬的、不合乎逻辑的，稍后我将对此进行论述。马克思不是傻瓜，他肯定不会在《提纲》第六条中有意否认这一点。但是，不论这种情况会有怎样的倾向，如果仅仅因为某件事是错误的或不合乎逻辑的，就认为马克思不可能有意为之，那就大错特错了。假设马克思一定相信正确的东西，与假设马克思相信的东西一定正确一样不可信。这两种假设已经混淆了足够多的问题。较真的人们不但认为马克思在这里确实有前面所述及的否认意图，而且他们中有些人也赞同被如此理解的马克思的意图。就目前我们所能达到的程度来看，我们必须承认，即使马克思不是傻瓜，他也可能在这个问题上犯了错。

既然我们对关于人的“本质”的负面言论的考量没有解决问题，那就让我们希望能通过转向对第三句话中所包含的核心肯定命题的考量得到更好的结果。因此，我们最初对它进行这样的翻译：“在其现实性上，人的‘本性’是一切社会关系的总和”。人们经常论及这一命题的奇特性。马克思主张在以下没有一个看起来可能有同一性的两个方面之间存在着同一性：一方面是关系的整体，另一方面是通过关系并在其内部联结在一起的一切存在的构成。但是，人们将一切社会关系的总和概念化，这些社会关系既涉及每个人，也涉及它所联系起来的一切非人为因素（生产方式、财产持有等等），如果人们认为它包括这一切的话。更不用说由于它是一个结构，而且是可以界定为由一切关系构成、但排除一切关系的各种条件的一个结构[①]，所以人们不认为它包括这一切。无论在哪种情况下，人类的“本性”都不仅仅**是**一切社会关系的总和。不管他们的“本性”仅仅是指他们人性的各种特性，还是更准确地是指构成他们整体性格的所有那些特性，都不

①参见 Cohen, *Karl Marx's Theory of History*, pp. 35–37。

能明显意识到这一套特性可以等同于一切社会关系的总和。就像《关于费尔巴哈的提纲》中的许多其他内容一样，马克思的文字表述晦涩难懂，他想要表达的意思很不易于理解。

接下来，我将概括性地提出用三种方法来理解它：我通过关注文本并从中找出论断的方式来引出这三种方法，然后对每一种方法都稍作说明，接着就这三种方法中唯一支持对其他两句话进行严谨解读的一种方法的注释合理性提出疑问。首先，我想要先发制人，防止可能会有人提出反对意见。

这种反对意见就是：寄希望于通过仔细审查一小部分文字，特别是这样的一小部分文字来解决我们所面临的问题，肯定是徒劳无益的。一般来说，一个句子能够提供的一个人的思想就只有这么多，不会再多了。特别是，马克思的第三句话的奇特性表明，它语言上桀骜不驯，无意于明确地解决任何事情。考虑到《关于费尔巴哈的提纲》高度凝练而又格言警句般的语言风格，这一点不足为奇。实际上，《提纲》正是因为这样的语言风格而闻名遐迩。再加上《提纲》没有在马克思活着的时候发表问世，他本人也无意将其付诸出版[①]，因而在断定一个关于马克思的思想的大问题时，《提纲》不可能具有权威性。那么，人们可能会怀疑，《提纲》中的任何一部分是否值得我们在这里所给予的密切关注。在前面的讨论中，这种文本考察过程中的重重困难不是已经一清二楚了吗？脱离马克思思想的更广泛语境，单单分析一句话可能会消除歧义，同样也可能会产生歧义。

这种反对意见的基本内容是合情合理的，我也不会试图让一切都依赖于对马克思的第三句话本身进行的详细考察。尽管如此，正

①参见 CW, Vol. 5, p. 585 n. 1，以及 *Ludwig Feuerbach and the End of Classical German Philosophy* in Karl Marx and Frederick Engels, *Selected Works*, Moscow 1969-70, Vol. 3, p. 336。

如我在一开始就指出的那样,《提纲》第六条一直被广泛地解释为我打算质疑的含义，而且无论按理说其是否具有权威性，都被解释为它事实上一直是这种观点的主要证据，即马克思在全面阐明他成熟的历史理论时，就抛弃了人性的概念。因此，在考虑其他文本证据之前，还不如先试着澄清《提纲》第六条可能表达的含义仅仅是什么。碰巧的是，它经常被赋予的这个含义也因此受到一些怀疑。将该研究活动的结果与其他证据相对比，就会发现那种常见的含义赋予是错误的。

我们假设了马克思在这里谈论的，要么是（1）恒定不变的**人性**，要么是（2）更广义、更具包容性意义的**人的本性**。尽管到目前为止，我们还一直没有确定到底是哪一个，但我们现在必须考虑每一种备选项。我们还必须考虑第三句话是要在它们中的一个或另一个同一切社会关系的总和之间建立什么样的关系。如果它不能是严格的同一性关系，那么马克思又能有什么意图呢？他断言该关系的一个明显后果是这一主张：如果置一切社会关系的总和于不顾，我们就无法**理解**人的“本质”。接下来的《提纲》第六条和第七条中的内容使得这种推断成为可能，因为在那里马克思认为，费尔巴哈不但忽略了一切社会关系的总和，而且因此在对待人的问题上犯了错误。

然而，如此推断出来的主张缺乏精确性。当然，这要求关注社会关系。但它可能仅仅意味着这是一个我们不得不看一看的地方，以便领会人类的“本性”是什么。或者，由于解释性的原因，它可能包含一种更有力的假设，即这种关注对于理解**为什么**人类的“本性”是这样的是必要的。这个更有力的主张预设它之所以如此，是因为社会关系以某种方式使得它如此，或者说塑造了它。这预设了一种依赖性。因此，情况可能是这样的，即第三句话旨在确证这两个事物之间的这种关系。在这种情况下，我暂且称一个事物“取决于”另一个事物，意思是说前者之所以如此，在某种程度上是因为后者的性质。《提纲》第七条中的一句话，即“‘宗教感情’本身是社会的产物”，似乎指向了这个方向。另一种主张并不打算解释人的“本质”，而只是对人的“本质”进行定位。它只是预设，社会关系作为一个整体，形成了该“本质”所在的场所——粗略地讲，能被看见或发现的场所。我们现在还不需要考虑这样说的原因，很快我将对两种普通情况加以区分。现在，让我们把这样假设的这种关系简单地称为一种“揭示”关系（disclosure）。第三句话之后的大部分内容表明，而且绝不排除有可能，这种粗略的联系正是它所确证的。那么，我们承认，马克思可能主张的是其中的任何一种关系：人的“本性”（a）**依赖于**一切社会关系的总和，或者（b）被一切社会关系的总和**所揭示**。

把这些和我们对这句话的主语所下的两个定义结合起来，我们得到：“在其现实性上，（1）人性**或者**（2）人的本性（a）依赖于一切社会关系的总和**或者**（b）被一切社会关系的总和所揭示。”换句话说，这里存在四种可能性，我按照字母在先、数字在后的词典顺序分别用（a）（1）、（a）（2）、（b）（1）和（b）（2）予以标明。现在就按照这个顺序分别考虑。**（a）（1）在其现实性上，人性依赖于一切社会关系的总和**。这种可能性可以忽略不计。不管这意味着什么程度的依赖，认为这一命题源自马克思是没有根据的。根据我们的用法，人性是不变的，而马克思在《提纲》第六条和第七条中强调的完全是一切社会关系的总和的历史性和特殊性，即可变性。如果他讨论的是人性，那么他可能很难断言它是这样的，因为这些关系处于不断变化之中。毫无疑问，可能会发生这种情况，即一个事物由于另一个事物发生变化而保持不变，但是这种偶然性在当前语境下是没有意义的。因为，如果存在人性，即人类性格中的一个不变因素，那么它肯定不是起因于一个历史时期或生产方式与另一个历史时期或生产方式之间的社会突变。当然，原则上，这种不变因素可能起因于一切社会关系的某个或某些不变的方面，而一切社会关系的其他方面却是可变的。我将在下面讨论这一点，作为与第三句话的另一种解读相一致的逻辑可能性。但是，考虑到这句话强调的是社会关系的整体性，所以它似乎不太可能真正断言了这一点。(a)(1)没有给出马克思要表达的意思，所以我们可以排除它。

(a)(2)**在其现实性上，人的本性依赖于一切社会关系的总和**。相比之下，这一命题既易于理解，又与其余文本的主要意思相符。似乎没有理由排除它作为一种解读的可能性。第三句话可能是说，在任何情况下，人的整体性格之所以这样，是因为占主导地位的社会关系的性质。那么，问题就在于这是否包含否定人性的意思，而答案则取决于所涉及的依赖程度。关于这一点的两个相关假设中只有一个是肯定的。这里请注意，我们关心的是依赖的程度，而不是它的确切性质。尽管后面这一类问题对于更全面地定义历史唯物主义来说很重要——在《卡尔·马克思的历史理论——一种辩护》中，柯亨清晰而准确地阐述了这一点——但是对于我们更有限的目的来说，它并不是决定性的。倘若人的本性在**某种**与我们关于依赖性的定义相一致的程度上依赖于社会关系的性质，那么重要的就是它这样做所达到的程度。我认为，马克思意欲断言的依赖性（如果这是他确实想要断言的）至少是相当大的。在这种说法下，只存在两种不同的情况：人的本性或强烈但不完全地依赖于一切社会关系的总和，或完全地依赖于一切社会关系的总和。

在第一种情况下，不排除人性的存在。原因很明显，即尽管人的本性可能会随着（并且由于）一切社会关系的总和的各种变革而发生实质上的变化，它还可能依赖于更多的不变因素，其中一些因素可能恰恰构成了人性。现在很常见的做法是，认为或主张一个事物依赖于另一个事物且后者解释了前者，但并不认为这种依赖是完全的或这种解释是详尽的，或者说，知道还涉及其他解释性因素。然而，以下三个考虑中的任何一个都可能促使我们只挑选其中一个解释性因素并放弃所有其他因素：对被认为是非常重要的东西的强调、对什么风险被忽视的强调、对某些事情是理所当然的假定。在这里，前两个考虑似乎特别切题。马克思致力于批判和纠正一个他认为完全是自然主义的概念，他通过强调社会学参照（emphatic sociological reference）来这样做。第三个可能看起来像是一条特殊请求，而且就其本身而言，有点软弱无力。但事实上，在提供解释，特别是简单的解释时，认为整个背景是理所当然的，仅仅把那些被认为在给定的话语语境中至关重要的因素找出来，作为对需要解释的事物（该事物也依赖于这些因素）的解释，这完全是司空见惯的做法。

当然，如果我此时认为，这正是马克思在第三句话中所说的，出于明显的语境原因，强调人的本性的社会学维度，与此同时却认为后者所依赖的其他因素是理所当然的，例如，认为人的生物结构的某些永恒特征是理所当然的，那我就是在回避这一争论中的问题。因此，根据一个相当标准的学术做法，我只能说，这可能是他在做的事情。我们不能排除这种可能性，除非假定马克思在这里关于人的本性的断言不仅是其依赖于，而且是完全地、排他性地依赖于一切社会关系的总和——它依赖于这些关系，而不是其他任何东西。这是一个更加特殊的假设。

把预设的依赖性当作同一性，可以认为这句话的有力形式同样许可它。那么，这个假设是否包含对人性概念的摒弃？从最严格的逻辑学角度来看，即使它不包含，但是在这个例子和在前面的例子中，只谈逻辑是没有意义的。我不会利用它来支持我的论点。严格地来说，即使人的本性完全依赖于社会关系的性质，已经提到过的由于社会关系的某些特征碰巧没有变化而使那种性质的某些部分保持不变的可能性是存在的。根据我们的定义，人的本性的这一部分可以被恰当地称为人性。尽管它完全是社会关系的衍生物，但它本身并不能说明什么，用它来解释会是没有用的，我们只能从社会学的角度来理解人的性格和行为。“人性”一词所暗示的其他寓意，如果不是恒定不变的，就会消失，比如这一术语所指内容的**自然**来源，以及自然对人类历史进程的内在制约以及外在制约的观点。为此，我们可以承认，如果人的本性完全依赖于一切社会关系的总和，那么实际上就不存在人性，尽管在形式上仍然可能存在。

因此，（a）（2）确实涵盖了对马克思这句话的两种不同解释，它们在含义上有着本质差别。为区分它们，在强烈但不完全依赖的情况下，让我们这样说：（a_1）（2）人的本性受到一切社会关系的总和的制约；在完全依赖的情况下，让我们这样说：（a_2）（2）人的本性由一切社会关系的总和所决定。

（b）（1）在其现实性上，人性被一切社会关系的总和所揭示。我们排除了（a）（1），理由是：这种理解，即马克思竟然试图通过指称从历史的观点来看易变的东西来解释不变的人类性格，是不合理的。在我们看来，人性无法依赖于不断变化的社会事实。但是，现在我们关心的是另一种关系，即一切社会关系的总和，在某种意义上揭示了人性是什么，而不是解释人性。以这种方式将发生变革的东西与不发生变革的东西联系起来，不存在任何问题。事实上，存在两种一般含义。这两种含义可能暗示了，人性——“在其现实性上”——或是被一切社会关系的总和所揭示，或是在一切社会关系的总和中被发现。一种是其字面意义，另一种则含有讽刺意义。

不变的东西可以是结构、模式，或者仅仅是某种特殊性质，同时在其他方面完全不是不变量的东西。正因为如此，一个受到历史变化约束的社会整体可能包含，而且根据考察揭示了，我们所感兴趣的不变的东西，即人性。为什么马克思竟然要断言它是在社会整体中被揭示的呢？或许是为了让人注意到这种情况：它所包含的各种不变的东西中有一些**仅仅**是在那里被揭示的。可以这么说，甚至连人类的一般人性的一些方面，在他指责费尔巴哈的对“单个人”的关注时都是不可见的，但这种不可见仅限于整体社会关系层面。在那个层面之外，在社会中，此类方面则是可见的。这是我们必须研究的东西，以便掌握所有方面的人性。在这种情况下，后者的“现实性”也许会暗示类似其全面性的东西。这就会与抽象物形成对比。在抽象物中，只有“内在的”一面是孤立的，它也包含社会的一面。当然，在马克思看来，指称社会，就是指称历史和变革，因此也就是指称非永恒的人类特性。但是很显然，这不会与人性的假设相矛盾。如果第三句话确实在字面意义上表达了某个这种联系，那么与它相矛盾的就并非马克思的意图。他指称一切社会关系的总和，也许是暗示必须探究该领域（site）以便理解人性是什么，而不是试图消解它。

但是，假设这种指称带有讽刺的意图，那么揭示恰恰成为消解。这个假设的背景是这样的：一般来说，当两个事物被认为互不相容时，我们有时可以这样把它们联系起来，即一个事物被另一个事物揭示出来。通常情况下，这是对第一个事物进行质疑的一种方式。愤世嫉俗者可能会说，在奥斯维辛（Auschwitz）和达豪（Dachau）①，人类施仁布善的能力得以彰显。马克思的批评者可能

①译者注：奥斯维辛和达豪，是第二次世界大战期间纳粹德国建立的两个极具代表性的集中营的所在地。奥斯维辛是位于波兰西南部的一座小镇，在波兰第二大城市克拉科夫市西南约60公里。奥斯维辛集中营是臭名昭著的纳粹灭绝营，有“死亡工厂”之称。这里配备了毒气室和焚尸炉等各种惨无人道的设施。据统计，约有110万人在这里被残忍杀害，其中绝大多数人属于犹太民族。达豪镇位于德国巴伐利亚州，距离慕尼黑市约20公里。达豪集中营是纳粹德国建立的第一个集中营，先后关押20多万政治犯、犹太人、国家敌人等各种“政府不喜欢的人”，强制犯人在恶劣条件下进行艰苦劳动，甚至拿囚徒进行医学实验，共有3万多人在此丧命。

会说，从苏联政权中可以看到国家的消亡。正如马克思所说，资产阶级“这种秩序的文明和正义”，在回应民众起义事件时“就是赤裸裸的野蛮和无法无天的报复”①。想来《提纲》第六条中可能也有类似的内容，而社会关系应该以**这种**方式揭示人性的现实性。那么，其“现实性”就不再意指与片面性相对的全面性，而是意指无法适应“人性”这一术语所假定的含义的实际状态。这也就意指与这个观点通常意义上的各种关联相反的现实情况，而这种对立的重点就在于，现实情况如此这般，以至于术语和观点都与它完全不相宜。在这里，人性就是不真实的，沦为了一切社会关系的总和。

关于诠释马克思这句话的这种方式，我暂时只就其中可能有反语意图的这一假设提出一些看法。这就等同于假设，《提纲》第六条中的人性和一切社会关系的总和一定是处于矛盾对立状态的不同概念，就像上面引自《法兰西内战》一文的正义和无法无天的报复一样。除非它们确实是这样的，否则就没有理由认为，按照马克思的观点，社会关系没有直接揭示人性是什么。无论如何，在（b）（1）的标题下，再次分离出对第三句话的两种不同的解释，下面我将对它们加以区分。当人性被社会整体作为一种真实存在来揭示时，我会说：（b_1）（1）人性在一切社会关系的总和中**表现出来**；当前者只是在反语的意义上被后者所揭示，就是说，作为一个非存在时，我会说：（b_2）（1）人性在一切社会关系的总和中**被消解**。

（b）（2）在其现实性上，人的本性被一切社会关系的总和所揭示。我们可以简明扼要地谈谈最后这一个命题，因为它不成问题。在揭示关系的两种含义之中，只有一种含义在这里是可能的，根据我们对人的本性的定义，关于人性被消解的观点没有任何有价值的意义。无论马克思对人的性格的差异程度持有什么观点，人类的性

①*The Civil War in Francein Selected Works*, Vol. 2, p. 235.

格总是各有不同，没有人能够合理地暗示他另作他想。但他可能是在断言这种关系的另一种含义，即：（b_1）（2）人的本性在一切社会关系的总和中表现出来。如果他确实是如此断言的，那就显然不包含对人性的否定。在社会关系中体现出来的人的整个性格可能包含这一不变的成分。

根据前面的分析，我们对马克思的这句话就有了五种不同版本的解读。稍加简化之后，这些解读分别如下：

（a_1）（2）人的本性受社会制约。

（a_2）（2）人的本性由社会决定。

（b_1）（1）人性在社会中表现出来。

（b_2）（1）人性在社会中被消解。

（b_1）（2）人的本性在社会中表现出来。

由于（a_2）（2）和（b_2）（1）对《提纲》第六条的解读大致类似，我会把它们合并起来。不论是人的本性由社会关系决定还是人性在社会关系中被消解，其结果都是，马克思实际上摒弃人性的观念。同样，我会把（b_1）（1）和（b_1）（2）合并起来。如果人性在社会中表现出来，那么根据事实本身来看，人的本性也是如此，它体现了可能会有的一切人本学意义上不变的东西。一种观点预设了马克思对人性存在的信念，而另一种观点并不排斥这种信念，并且这两种观点背后的思想都非常相似，足以证明把它们放在一起考虑是正确的。

以这种方式重新整理，大致得到三种不同的解读方案，我分别表述如下：

（1）在其现实性上，人的本性受到一切社会关系的总和的制约。

（2）在其现实性上，人性，或者人的本性，在一切社会关系的总和中表现出来。

（3）在其现实性上，人的本性由一切社会关系的总和决定，或者人性在一切社会关系的总和中被消解。

现在我先对（1）进行评论，然后继续论证，如果马克思指的是其中任何一个的话，那他指的就是（1）或（2）而不是（3）。

（1）在其现实性上，人的本性受到一切社会关系的总和的制约。如果我们以这种方式来理解马克思的第三句话，它实质上就代表了历史唯物主义核心命题的一种早期表达。它可能是1859年的《〈政治经济学批判〉序言》中那段著名文字的前身，在该段文字中，马克思指出，“生产关系……的总和”是上层建筑的基础，并继而声称“物质生活的生产方式制约着整个社会生活、政治生活和精神生活的过程”[1]。这段文字的后面部分既不是那么紧凑，也不是那么泛指，它指的是生产关系，而不是所有的社会关系；指的是社会生活、政治生活和精神生活等不同维度，而不是人的本性整体。但这一基本观点有一个明显的连续性，即笼统地说，人类存在的形态在两种情况下都依赖于一组历史上特定的关系。

然而，《提纲》第六条不会因此标志着与人性假设的任何“断裂”。因为，如果第三句话被理解为含义（1），那么它所声明的依赖性就是不完全的，人的性格因此也必须依赖于其他什么东西，而这可能部分地归因于稳定的自然原因。那么，我们就能够对第二句和最后一句话作我所说的温和解读。这些句子关注的是人的本性（很明显，现在肯定是这样的），它们的目的可能仅仅是反对费尔巴哈关于人的本性的概念过于片面地强调人类所固有的普遍特性。相比之下，马克思可能是要强调占主导地位的社会关系始终对它施加的制约作用，但他不可能是否认存在普遍特性。《提纲》第六条预示他的历史概念走向成熟，其中并不涉及对人性的否定，所以其与本书的

---

① Karl Marx, *A Contribution to the Critique of Political Economy*, London 1971, pp. 20-21.

观点是一致的，即对人性的否定并非历史唯物主义的一部分。

（2）**在其现实性上，人性，或者人的本性，在一切社会关系的总和中表现出来**。因为这一表达适用于不变的存在，所以我先要对其加以详述。其目的就是坚持可以被没有悖论地称为人性的社会素养。实际上，这里的一个因素可能是，社会性本身是人性不可或缺的一部分，但其意义远不止这种普遍性。

以语言为例。这是人类普遍拥有的一项能力。按照《提纲》第六条设定的说法，肯定语言与呼吸不同，即语言不存在于“单个人”中，而只存在于个人之间的社会关系之中，是同样有意义的。尽管是人们在用语言讲话，尽管人们私下里也像在思考中那样使用语言，但语言必须预设一个社会公共领域。语言是一种能力，其表达方式是社会性的，是一种只在多重社会关系中展现的人类素养。但这并不是说，就语言而言，**没有任何东西**是个人所固有的，比如说，在大脑的类型方面，语言是一种生物学天赋；作为一种社会事实，语言因此和所有其他社会事实——君主政体、信仰奇迹、通货膨胀、板球运动——是一样的。认为语言具有一种可以归结为人性的内在普遍性和永恒性，同时认为它是一种只在**社会**中表现出来的能力，这两种观点是完全一致的。类似的诊断也适用于马克思自己特别关注的物质生产问题。物质生产是人类普遍拥有的一项能力，但是它需要社会框架并以集体形式呈现。要了解物质生产实际上是什么，是一种什么能力，我们必须超越单个人，着眼于它在社会和集体背景下的各种结果：物理环境的各种变革、建立的各种结构、采掘或收集的各种物料、制造和使用的各种工具、手工制作的各种产品等等。

这可能就是马克思这句话的重点，通过补充说明而不是否定个体内在特性的观点的方式，有力地指出人性的社会维度，以及其在人类社会中的通俗现实（exoteric actuality）。《提纲》第六条的第二句话和最后一句话，在这种情况下适用于人性，并同样带有我们所说的温和解读的感觉。

当我们从人的本性的角度来考虑（2）时也是这样。现在，通俗现实可能是一种不断变化的现实，而不是一个共同的、持久的现实；是历史上的不同生产方式和各种特定语言，更笼统地来说，是社会的文化多样性。但道理都是一样的，即不论它在给定的历史条件上可能会是什么，人的本性都要在社会世界的整体中去发现。人类素养和可能性的范围在个体之间的各种关系中实际成形，因此，如果你想要完全把握那种人性，就必须研究这些关系。这种思想向我们指出了社会的文化多样性，但丝毫没有违背人性的概念，因为它并没有说这种多样性不包含每个人所固有的永恒特性。

（3）在其现实性上，人的本性由一切社会关系的总和决定，或者人性在一切社会关系的总和中被消解。不管怎样，（3）意味着马克思的命题确实包含了对人性的否定，并且要求《提纲》第六条的第二句和最后一句话应该具有我们严格解读的含义。无论它们涉及的是人的本性还是人性，它们都不仅仅预示着对每个人所固有的普遍人类特性这一思想的限定，而且还预示着对这一观点的摒弃。总之，对于我所质疑的《提纲》第六条，我们已经有了大体上的理解。

这里我要引用其他人的说法。在这么做的时候，我会如实地展示他们自己的用法，而这些用法与截止到目前我所坚持的那些并不相同。但是，术语上缺乏准确的一致性，不能掩盖这样一个实质性的见解，即在目前有文献佐证的那些解读中，马克思的话被广泛地认为是对人性概念的抛弃。

不论是被直接引用还是被提及，《提纲》第六条一直被公认为证实了这一点：“马克思……偶尔走极端，把人性**仅仅**表现为时代的社会关系或社会制度在个体中的表现”（汤姆·博托莫尔）；“马克思开始将个人的人性消解到‘一切社会关系的总和’之中”（罗伯特·D.

卡明）；在早期著作之后，马克思“反对……特别是”“人类共有的普遍本性”或“基本人性”的概念（尤金·卡门卡）；“从1845年起，马克思同一切把历史和政治归结为人的本质的理论彻底决裂”，而且“马克思……抛弃以往哲学的旧假设……人性（或人的本质）这个总问题”，暗示（1）存在着一种普遍的人的本质；（2）这个本质从属于“孤立的个体”（路易·阿尔都塞）；“马克思抛弃了所有的本质主义理论，换言之，关于人类、社会、历史的所有理论，不论是超验主义（例如基督教）还是自然主义（例如霍布斯主义），这些理论对于个体内在本质的理解，都是从对这种本质的各种界定出发”（瓦尔·苏琴）；“令马克思和恩格斯感到厌烦的，不仅仅是人类在其接续的历史转折之间沉湎其中的根本性服饰变化——而是人类本身”（弗农·维纳布尔——他还写道：“‘人性’……对他们来说，并非每个人所共有的单一普遍形式或普遍本质”，以及“当他们确实以任何一种非讽刺的态度来笼统地谈论人的‘本质’时……它决不应该被理解为表示与人的‘偶然性’相对的‘绝对本质’，或与人的变化相对的人的永恒性。相反，它更应该被理解为人的**‘历史’**”）。①

马克思的《提纲》一直被引证来表示：“彻底‘社会化’或去个人化的马克思主义”从1845年开始崭露头角，“一个似乎没有‘人’的精神世界”（罗伯特·塔克）；“本质主义对人性的否定”和“本质在现实中非实例化的普遍真理”（凯特·索珀）；“没有‘人的本质’这种东西”（科林·萨姆纳）；“个体不应被视为他们关系的起源或构

①Tom Bottomore, "Is There a Totalitarian View of Human Nature?", *Social Research*, Vol. 40 No. 3, Autumn 1973 ('Human Nature: A Reevaluation'), p. 435; Robert D. Cumming, "Is Man Still Man?", Ibid., p. 482; Eugene Kamenka, *The Ethical Foundations of Marxism*, London 1972, p. 146; Louis Althusser, *For Marx*, London 1969, pp. 227–228; Wal Suchting, "Marx's *Theses on Feuerbach*: Notes Towards a Commentary" in John Mepham and David-Hillel Ruben (eds.), *Issues in Marxist Philosophy*, Vol. 2, Brighton 1979, p. 19; Vernon Venable, *Human Nature: The Marxian View*, Gloucester, Mass. 1975, pp. 20, 4, 22.

成基础，而应被视为这些关系的‘持有人’”（瓦尔·苏琴）；“人只能**是**人在具体的历史和社会环境中实际上所做的事”（弗农·维纳布尔）；“没有什么社会现象……可以用任何归咎于作为**自然**生物的个体的特征来解释”，而且“如果一定要谈‘人的本质’，那就必须从人类的物质文明和理想文明中去找到它，而不是从生物学上找到它”（悉尼·胡克）。[①]

这些论断中的大多数（尽管不是全部）明显超出了对《提纲》第六条的含义的关注，它们是用后者来支持关于马克思的思想发展的更深远的主张。就此而言，我们应该注意到，正是几段引文中强调的这种主张的普遍性，赋予了它应有的意义。如果仅仅是说马克思质疑或抛弃了关于普遍人性的一些概念，那么没有人会感到惊讶。即使那样，在细节问题上仍然可能有争议的余地，但这会是一个相当不同的观点，与承认在马克思成熟的历史理论中仍然找得到**某个**人性概念是一致的。

下面简单阐述一下该主张最有影响力的版本，即阿尔都塞的主张。根据他的理解，鉴于马克思主义之前的社会理论、政治经济学、伦理学、认识论等全部涉及被认为是构成“**人性**（或人的本质）这个总问题”的组成部分的“两个互为补充的假定”——存在这种普遍性，并且从属于每个个体——而且只有它们被赋予的“内容”在不同的思想家之间有所不同，因此就马克思而言，他“摒弃了两个

---

①Robert Tucker, *Philosophy and Myth in Karl Marx*, Cambridge 1961, pp. 165-166; Kate Soper, "Marxism, Materialism and Biology" in Mepham and Ruben, *Issues in Marxist Philosophy*, Vol. 2, pp. 75, 99; Colin Sumner, *Reading Ideologies*, London 1979, p. 48; Suchting, "Marx's *Theses on Feuerbach*: Notes Towards a Commentary", p. 19; Venable, *Human Nature: The Marxian View*, p. 20; Sidney Hook, From Hegel to Marx, Ann Arbor 1962, pp. 297-298.

假定的全部有机体系”[①]。历史唯物主义的“崭新概念”，“这些概念是：社会形态、生产力、生产关系、上层建筑、意识形态”[②]，因此不适应人性的概念。这些概念与人性的概念相反，进而代替了它。阿尔都塞写道：“这场包罗万象的理论革命之所以有权推翻旧概念，是因为它用新概念代替了旧概念”，而且“马克思在历史理论中用生产力、生产关系等新概念代替个体和人的本质这个旧套式”[③]。它仅仅是与如此假定的概念二分法相一致，以至于阿尔都塞主义的文本中充斥着这类（在本质上是“结构主义的”和社会学还原论的，实际上是历史主义的）断言，即各类生产当事人只是生产关系的结构所决定的地位的“占有者”，“个体不过是这一结构的作用”，以及“它们只是**各个阶级的代表**”，“**也不过是一些面具**”，等等。[④]

当然，不言而喻的是，我所引用的作者们并不是在所有事情上都意见一致。对于马克思的《提纲》第六条，上述引文所展示的一般方法不应被视作完全共享的看法。或许并非显而易见的是，当这些作者在详细阐述我所引用的这些表述时，特别是当他们支持在他们看来是马克思的观点时，他们所采取的立场通常在内部甚至都不一致。有人可能会出于这个原因，并且以他们的名义，极力主张他们并非“真的”持有我已经归之于他们的观点。他们不持有的证据恰恰在于他们之间的不一致，在于他们的其他表述不但与这里所说的这些表述不一致，而且暗示了各种更合理的假设。然而，这种反

①*For Marx*, pp. 227-228. 阿尔都塞在《读资本论》中对这一论断进行了呼应：在谈及“古典政治经济学”“资产阶级自由派的乐观主义”和“李嘉图的社会主义注释家们所作的伦理抗议”时，阿尔都塞说，“人本学的内容在不断变化，但人本学始终存在”；另一方面，“马克思的分析在这里同样动摇了人本学的理论需求”。参见 Louis Althusser and Etienne Balibar, *Reading Capital*, London 1970, pp. 163, 166。

②*For Marx*, p. 227.

③Ibid. p. 229.

④*Reading Capital*, pp. 180, 253, 267, 268.

对意见偏离了主题。因为，除了每个人的实际断言之外，没有什么东西被归于任何人。其中一些作者还忽视了所断言的各种观点的影响，并提出与它们相左的意见，但这不代表**这些观点的**批评者不愿意承认这件事情。与之相反，反对这些观点的部分理由是，这些思想的支持者几乎注定要与它们分道扬镳。它们所表明的立场不但站不住脚，而且只有以某种精神扭曲、思想或语言混乱或者两者都混乱为代价才能进行表述。更笼统地来说，尽管这有时可能是对人们的赞扬，但是这并不能真正地为他们的话辩护，因为他们所说的话并不是真心话。

当前讨论的这种不一致在马克思主义内部经常出现，我稍后再谈这一点。尽管该理论要求而且在其原始版本中也明确拥有人性概念，但许多马克思主义者仍然试图压制这一点。正如已经恰如其分地说过的那样，“这句口号——如果跳出唯心主义的语境，从字面上来看毫无意义——‘没有人性这回事’已经被如此经常地重复，以至于在马克思主义者的各个圈子里已然成为一条不言而喻的真理”①，可能会出现在各种不太可能的地方。为了只用一个鲜明的例子来圆满结束对（3）的评论，我们以伊斯塔芬·梅扎罗斯（Istvan Meszaros）的《马克思的异化理论》（*Marx's Theory of Alienation*）一书为例。该书采用的方法不是“结构主义”的方法，它对马克思的解读完全颠覆了人性的观点，这一点可以从它的标题中推断出来。然而，它却以一种不合逻辑的重复性评价断然否认了这一点。因此，按照梅扎罗斯的说法，“马克思直截了当地抛弃了‘人的本质’的观点”，“他不接受人性是固定不变的这一件事”，以及“没有什么……

---

① Andrew Collier, “Truth and Practice”, *Radical Philosophy*, No. 5, Summer 1973, p. 16.

'被植入人性'"。[1]

我对《提纲》第六条的剖析终于告终，接下来我将继续讨论，目的是抛弃（3）对马克思的意图的解释。我并没有说上面的分析彻底探讨了解释这几行文字的所有方法，对（3）的反驳并不要求它应该这样做。我所做的一切，只是遵循刚才在翻译"menschliche Wesen"时所举例说明的用法：一般来说，"人性"一词可以与"人的本质"互换，我通过辨别"人性"和"人的本质"来区分两种标准含义，即狭义的含义和广义的含义，并在此基础上探讨文本暗示了哪些可能性。毫无疑问，我们也可以提出其他含义，或者其他细微的含义差别。因此，批判的指称对象也许就是"现实中的人类"。但是更多的提议不会影响该论断的主要内容。如果它已经表明，除受到质疑的这条解读之外，还有各种看似合理的方式来解读其中并不涉及否定人性的《提纲》第六条，这就足够了。由于《提纲》第六条经常被认为是理所当然的，它自身可以作为证据的身份因而变成是有问题的，我们被迫去寻找其他证据，以便弄清楚在这个问题上可能性更大的是什么。

指出《提纲》第六条的含义存在问题并不会让人感到古怪，即使其篇幅可能会如此之长。阿尔都塞自己在谈到《提纲》第六条的中心思想时说，严格地来说，"它却说明不了任何问题"；其他或多或少受到阿尔都塞启发的各种评论，也类似地把它描述为牵强"到不连贯的程度"，是"糊涂的"，"只有象征的意义"。[2]尽管如此，在没有适当地参考相近著作以及它们对马克思的意图的解读的情况下，

①Istvan Meszaros, *Marx's Theory of Alienation*, London 1970, pp. 13-14, 148, 170. 关于这一说法的另一方面，参见pp. 79, 118, 149, 157, 162, 166, etc。

②*For Marx*, p. 243; Suchting, "Marx's *Theses on Feuerbach*: Notes Towards a Commentary", p. 19; Soper, "Marxism, Materialism and Biology", p. 75. 阿尔都塞对《提纲》中神秘性格的隐喻被用作这篇文章的题记，参见 *For Marx*, p. 36。

这一有争议的含义就被自信满满地——在这些例子中是不合适地——宣布为马克思的《提纲》第六条的含义。在这种情况下，这种归责很有可能是武断的。以专横或者天真的方式确定一个含义，虽不费周折，却冒着在马克思的话中找到的不是他的思想而是你自己的思想的风险。一方面，第三句话的中心思想可以有不止一种可能的阐释；另一方面，在各种不同的描述下，其奇特的表达也经常被提及；再一方面，它的紧凑简洁确实带来了问题。这些问题只可能在更大的语义和知识背景下得到解决，仅仅凭结构无法证明这些关于马克思的意图的确定性是合理的。

因此，假设关于历史我这样表达，“在其现实性上，历史是生产力的发展”。我到底是什么意思呢？这就是全部历史，或者这一般来说就是其最重要的方面，又或者出于眼前的特定意图，这就是它的有关或有趣之处？历史是这种发展的结果，或者是这种发展的记录，又或者仅仅是它的外在形式或表象？如果这句表述是你拥有的一切，那么你拥有的还不够。你无法给出我的确切意思。事实上，不管你愿不愿意，鉴于这样想可能合情合理，即我是在表述一种常见的依赖关系，是在主张——与竞争观念完全相反的——生产力的发展说明了历史进程的原因，你对这个例子还拥有一定的背景知识。即便如此，我是在何种程度上说生产力的发展说明了历史进程呢？是在某个非常重要的部分上？是大致上？是在所有方面？我通过这句表述意指怎样精确的依赖程度？毫不夸张地说，你根本无从判断。你可能会认为，在这里我想到的是一个全面的依赖关系，但那可能仅仅是你的设想，而且很有可能是错误的。

目前这个例子也是如此。如果马克思是在断言人的本性对社会关系的依赖，而你就认为他的意思是完全的依赖，用我的术语来说，意思是这种本质是由社会决定的，而不是由社会限定的〔分别为上面的（a_2）（2）和（a_1）（2）〕，那么你只是在不充分的基础上将这个想法归属于他。

或者比如说，你会看到，在马克思的话语中存在争议的人性的现实性，正如我所说的那样，在一切社会关系的总和中被消解了。但是，如果我坚持认为，与对它的某种误解或其他误解相反，在其现实性上，法西斯的人性存在于奥斯维辛集中营、达豪集中营、特雷布林卡集中营中，也不代表我因此而质疑它的现实性并试图消解它。因为，如果我这样来理解它的话，我几乎肯定会质疑人类仁慈的现实性。相反，我是在通过表明其性格特征、最臭名昭著的后果或最充分的表达形式来肯定它。然而，马克思的句式不是对人性的肯定而是否定，这一点可能被认为包含在一切社会关系的总和中。这是我在表述（b_2）（1）时提出的假设，即这个概念和人性的观点是对立的，互不相容。这为认为马克思带有一种讽刺的意图提供了依据，从某种更积极的意义上来看，这种讽刺的意图会把马克思的话理解为人性在社会关系中被消解，而不是与之相联系，例如（b_1）（1）所说的人性在社会中表现出来。但是，如果你一开始就把它当作一个假设，你也没有证实，你只是想当然地认为马克思思想中的历史唯物主义概念排斥和取代了人性的假设，你并没有说明在他的社会整体观念中没有这样的假设。你只是假设它如此。

但是，这里的重点不在于假设的内容有多么奇怪，而在于相对于马克思的这句至理名言来说，它**仅仅**是一个假设。因此，除非能从他的著作中引证出对它有利的其他东西，否则这对于确定他的意思而言只是一个武断的依据。事实上，无论以何种方式，要清楚完整地仅仅从这句名言的浓缩凝练中展现马克思的意思的任何声明都是武断的。作出决定的唯一可靠依据在于马克思思想的广泛背景。我已经证明了《提纲》的第三句话可以用不同的方式来解读，直接语境不足以解决其模糊性，因为我已经指出了在那里的关于人的“本质”的其他命题，即第二句话和最后一句话，是如何包含与它本身相对的歧义的。因此，我们必须看看其他著作中的证据，首先是离《关于费尔巴哈的提纲》最近的那些。

我现在要努力根据这些著作来证明，在我所区分的三种广泛含义中，(1）和（2）对马克思的解读都是合理的，但（3）不是。我采取了以下步骤：从与《提纲》相近的各种文本中，我指出了在倾向上类似于（1）和（2）的那些段落，它们支持这一假设，即这正是马克思在《提纲》第六条中所说的。虽然我自是无法这样指出不存在支持（3） 的段落，但我退而求其次，那就是同时证实存在这样的各种表述，它们通过使用人性和同类概念来反驳（3)。我继而认为，马克思的后期著作证实了这一基本情况。

有人可能会反对说，无论人们在这些其他著作中发现什么，都不能毫无疑问地证明，在**这个**场合，即在《提纲》第六条中，马克思并非意指（3）或者类似的含义。对此，我的回答是，这种情况下的证据并没有决定性意义。如果一个作者的话语能够解释为两种不同的观点，即观点i和观点j，但他的其余著作则表明他相信观点i并否定观点j，那么极不可能的是这一话语表述了观点j，而且在没有某种特殊的、理由充足的解释的情况下认为它表述了观点j，则是有悖常理的。

尽管有上述种种论证，但是如果有人竟然固执己见，坚持认为《提纲》第六条并不是这样的模棱两可，坚持认为它很明显是对人性概念的摒弃……也只能随他去了。下述内容将这一事实的意义归纳如下：1845年春天的某一天，在某些“匆匆写成的供以后研究用的笔记”[①]中，马克思本人发表了一个奇怪的言论，提出一个背弃了他的思想主旨，因此也就与对它的解读毫无关系的观点。

①Engels, Foreword to *Ludwig Feuerbach and the End of Classical German Philosophy*, *Selected Works*, Vol. 3, p. 336.

第三章 人性和历史唯物主义

当然，值得注意的是，随着唯物史观的出现，许多人都注意到马克思对人性观的抛弃。毕竟，《德意志意识形态》第一次提出了这一著名的概念，明确地批判了一些人的错误，即他们忽视了《德意志意识形态》所称的“历史的这一现实基础”，从而把“人对自然的关系”排除在历史进程之外，造成了“自然界和历史之间的对立”。[①]人们可能会认为，对马克思来说，这种对立只在关于外在自然的问题上是错误的，而在关于自然作为人类固有的东西的问题上不是错误的。但是，很容易证明的是，事实并非如此。马克思把这种内在的人性完全包含在“历史的这一现实基础”之内。

事实上，《德意志意识形态》在某种程度上呼应了《神圣家族》中的一段文本，这段文本既强调了自然的内部维度，也强调了其外部维度。在这两部作品中，坚守在这种强调背后的是一种唯物主义意图，一种与唯心主义相反的“双重的”自然约束。在《神圣家族》中，马克思指责布鲁诺·鲍威尔“把在**无限的自我意识之外**还以**有限**的物质存在自居的一切”都纯化了，并指责他对自然的攻击——“他既反对存在于人之外的自然，也反对人本身这个自然”。马克思

①CW, Vol. 5, p. 55.

还指出，鲍威尔不承认“任何有别于**理智**的**人的本质力量**”。[①]在《德意志意识形态》的一段文本中，批判的对象反而是基督教：“基督教之所以要使我们摆脱肉体的和‘作为动力的欲望’的统治，只是因为它把我们的肉体、我们的欲望看作某种与我们相异的东西；它之所以想要消除自然对我们的制约，只是因为它认为我们自己的自然不属于我们。既然事实上我自己不是自然，既然我的自然欲望，整个我的自然机体不属于我自己（基督教的学说就是如此），那末自然的任何制约，不管这种制约是我自己的自然机体所引起的还是所谓外界自然所造成的，都会使我觉得是一种外来的制约，使我觉得是枷锁，使我觉得是对我的强暴，**是和精神的自律相异的他律**……，基督教一直未能使我们摆脱欲望的控制……”[②]

这些段落之间的相似之处非常惊人，无须赘述。两者都肯定了某些非人为的决定因素，利用相同的语言技巧，将自然作为一个整体分为人之外的自然和人本身的自然机体。因此，两者都指的是人类正是通过自然而不是“特殊的社会形态”所拥有的“本质”，也就是相对于特殊的社会形态而言，一种持久的和普遍的性格，即我们所定义的人性。我们将看到，它的这种唯物主义用法——“人的（各种）本质力量”、“自然欲望”（更常见的是：“需要”）、“自然机体”——在阐述马克思的历史理论时发挥了重要的**解释性**作用。

但是，《德意志意识形态》还通过同一个观点的第二种规范用法来呼应《神圣家族》。在第一个著作的几句耳熟能详的文本中，马克思曾提到无产阶级对自己被唾弃的状况产生愤慨，“这是这个阶级由于它的人的**本性**同……生活状况发生矛盾而必然产生的愤慨”。[③]《德意志意识形态》同样把无产者描述为：一个“他连他那些和大家

①CW，Vol. 4，p. 141.

②CW，Vol. 5，p. 254.

③CW，Vol. 4，p. 36.

一样的需要都不能满足”的人；一个“因为他的地位使他连直接属于他的人的本性的那些需要都不能满足”[①]的人。由于他们与共同人性的需要相冲突，造成无产阶级地位和状况的社会关系在这里受到了含蓄的谴责。

这两部作品中的这些相似之处可以帮助我们进行关联理解。从马克思著作的写作顺序来看，《关于费尔巴哈的提纲》介于《神圣家族》（1844年末完成）和《德意志意识形态》（1845年秋季开始写作，次年夏季停止）之间。《神圣家族》是一部“早期”著作，换言之，它先于历史唯物主义。它对人性的提及不会令人感到惊讶，因为众所周知的是，这一概念可以在马克思的早期著作中找到。另一方面，《德意志意识形态》本身提出了历史唯物主义理论。不管它对人性几乎完全相同的提法是否会使任何人感到惊讶，它们都是思想连续性的**初步**证据，而这恰恰是《提纲》第六条被认为标志着断裂的论据。

和《提纲》一样，《德意志意识形态》没有在马克思的有生之年出版，但对于这一点不应过于大惊小怪。他和恩格斯花了两年时间努力出版这本书，但都失败了。[②]尽管该著作最终没有出版，后来又因老鼠的批判[③]和其他沧桑经历而受损，但它却是我们理解其作者彼时希望提出的各种观点的最可靠指南。如果需要一个线索来理解《提纲》中的难点，它会像任何文本一样有可能提供一个这样的线索，因为它是在《提纲》之后不久写就的，明显与《提纲》有着相同的关注点并进一步扩展开来，其最有趣和最重要的一节被部分地用作对费尔巴哈的批判性评论。当然，该作品还只是对历史唯物主

---

①CW, Vol. 5, p. 289.

②参见 David McLellan, *Karl Marx: His Life and Thought*, London 1973, p. 151。

③译者注：由于书稿长期未出版而布满老鼠啃咬过的痕迹，马克思后来在1859年撰写的《〈政治经济学批判〉序言》中不无风趣地说：“既然我们已经达到了我们的主要目的——自己弄清问题，我们就情愿让原稿留给老鼠的牙齿去批判了。”（《马克思恩格斯文集》第2卷，2009年版，第593页）

义的一个初步的，因此有些粗糙的表述。但是，它比后来写的任何文本都更切合于解释《提纲》第六条的涵义，无论如何，我们将能够看到，它是如何与马克思后来的著作保持一致的。

与刚才注意到的《神圣家族》的相似之处一样，在《德意志意识形态》中，我们确实找到了当前问题的症结所在。让我们来看看其中一段，这是类似的几段中最著名的一段，而且值得一提的是，这一段不仅是作为对马克思新历史观的表述而存在于同一部作品中，而且是激情浓烈的表述。其中有一处表达，在性质上与《提纲》第六条中的核心表达几乎完全相同。然而，这一处表达与那个表达的不同之处在于，它被植入一个更能说明它可能是什么意思，也更能说明它不可能是什么意思的语境中。“这种生产方式不应当只从它是个人肉体存在的再生产这方面加以考察。更确切地说，它是这些个人的一定的活动方式，是他们表现自己生命的一定方式、他们的一定的**生活方式**。个人怎样表现自己的生命，他们自己就是怎样。因此，他们是什么样的，这同他们的生产是一致的——既和他们生产**什么**一致，又和他们**怎样**生产一致。因而，个人是什么样的，这取决于他们进行生产的物质条件。”[1]

这里所说的生产方式是指个人表现其生活的形式，而这种形式又与他们是什么样的密切相关。因此，个人是什么样的，与他们的生产方式相一致，而且这一句表述，即这段文本的倒数第二句，正是至关重要的一句。尽管术语上有所变化，但其倾向与《提纲》第六条的第三句话实质上是相同的。很显然，“个人是什么样的”，就其所表示的存在而言，很接近于他们的“自然”，而且它在这里被说成是与生产方式相一致，而不是正好是生产方式，这本身就是一种意义不大的差别。不论我们是认为个人是什么样的与他们的生产方

①CW, Vol. 5, pp. 31–32.

式相一致[①]，还是认为人的“本质”是一切生产关系的总和，无论哪种方式，我们都有一种非常密切的关系，但这种关系的内容却有些模糊，需要更明确的界定。事实上，这只是马克思在这个时期有意使用的一整套类似表达中的两个。我将在适当的时候进一步介绍其他的类似表达。

在当前这个例子中，我们找到了关于这个表达在它的直接语境中的意思的一些线索。就在它之前，有这样一种观点，即在生产方式中，个体以某种方式表现他们的生活，并通过他们这样做来表现他们是什么样的。在这里，或许倒数第二句话只是要补充完善前面的内容，肯定在生产方式和个体是什么样的之间的这种表现关系。那么，它就像上面的（2）那样，即人的“本质”在一切社会关系的总和中表现出来。或者，可能在紧随其后的文本，即对一种依赖关系的断言中对它的含义加以说明。根据这种假设，如果我们认为这种依赖关系——个人是什么样的对生产条件的依赖——不是一种完全的、唯一的依赖关系，那么我们就会得到类似于上面（1）的一种观点，即人的本性受到一切社会关系的总和制约。无论如何，我们所考察的表述都没有暗示对人性的任何摒弃。

但是，可以合理地认为马克思有意将其作为一种摒弃吗？是因为他这样做的意思是将个体还原为他们的生产方式，还是因为他确实在脑海中有一种完全依赖的关系，或其他什么吗？在这里，能否认为他的意思与（3）类似呢？不行，他不能。他之所以不能，是因为在这本著作的同一个地方，作为所引用的段落的直接前言，恰好使用了一个人性的概念。不仅如此，这种使用表明，它是提出历史概念的基础，而不是提出历史概念的附带结果。它是历史唯物主义的基础，确切地说，它是历史唯物主义理论基础的一部分。

---

①德语是“fällt zusammen mit”。

在我已经引用的这段摘录之前是这样的文本："全部人类历史的第一个前提无疑是有生命的个人的存在。因此，第一个需要确认的事实就是*这些个人的肉体组织*以及由此产生的个人对其他自然的关系。当然，我们在这里既不能深入*研究人们自身的生理特性*，也不能深入研究人们所处的各种自然条件——地质条件、山岳水文地理条件、气候条件以及其他条件。*任何历史记载都应当从这些自然基础*以及它们在历史进程中由于人们的活动而发生的变更*出发*。"[①]这段文本中的斜体字格式是我添加的，但请注意该段文本本来的重点："第一个"需要确认的事实；此外，历史研究必须从自然"基础"之一——人的肉体构造——"出发"。那么，为避免任何人可能会依据最后一个与其"变更"有关的短语而忘却这里明确提出的出发点，随后的文本立即将这个肉体构成基础与一种相当普遍的人类属性勾连起来。这种属性，实际上，被马克思称为具体的、特别的人的属性："可以根据意识、宗教或随便别的什么来区别人和动物。一当人开始**生产**自己的生活资料，即迈出由他们的肉体组织所决定的这一步的时候，人本身就开始把自己和动物区别开来。"[②]只有在这一点——关于人性的一个观念，如果它存在的话——之后，我们才得到我们刚才所断言的在个人是什么样的和一种特定的生产**方式**之间的一致。

同样的思维模式，在《德意志意识形态》的其他部分还找到了更为凝练的形式。而且正是在对历史唯物主义的阐述中，马克思有了这样的观察："人们之所以有历史，是因为他们必须生产自己的生命，而且必须用**一定的**方式来进行：这是受他们的肉体组织制约的，人们的意识也是这样受制约的。"我要说一句题外话，在文本中，意

①CW, Vol. 5, p. 31.

②Ibid.

识被等同于语言："语言和意识具有同样长久的历史；语言是一种实践的、既为别人存在因而也为我自身而存在的、现实的意识"；[①]我们已经证实了早些时候关于语言问题提出的这一假设，即马克思在用最强烈的措辞来竭力主张某些能力的社会维度时，很可能已经认识到它们是个人的自然结构中所固有的。

现在，让我们来解释清楚已经确定的思维模式。它可以表述如下：如果人类性格的多样性在很大程度上被马克思看作是人类社会生产关系的历史变化，对于人类有这种关系的这一事实，即人类从事生产和人类有历史的事实，他反过来用人类的一切普遍的、恒定的、内在的、体质上的特性来解释；简而言之，用人性来解释。因此，这个概念在他的历史理论中是必不可少的。它有助于奠定他在理论中提出的作为社会和历史的物质基础。用本书自始至终所使用的术语来重新表述这一点如下：如果人的本性依赖于一切社会关系的总和，那么它并非完全依赖于它们，它由它们所制约而非决定，因为它们本身依赖于（即，部分地用人性来解释）人的本性的一个组成部分。

关于这种思路，再举一个例子。在其他地方，马克思再一次提到了人类的那些独特的力量，他说："这些需求的产生，也像它们的满足一样，本身是一个历史过程，这种历史过程在羊或狗那里是没有的"。在同样的地方，他以一种现在肯定很常见的方式继续说："个人相互交往的条件，……，是与他们的个性相适合的条件，对于他们来说不是什么外部的东西；在这些条件下，生存于一定关系中的一定的个人独力生产自己的物质生活以及与这种物质生活有关的东西，因而这些条件是个人的自主活动的条件，并且是由这种自主活动产生出来的。这样……，人们进行生产的一定条件是同他们的

①CW, Vol. 5, pp. 43-44.

现实的局限状态，同他们的片面存在相适应的……”[①]请注意最后一句的形式。之前我们认为在个人的现实和他们的生产条件之间的是相一致，现在我们认为是相适应。与之前一样，语境允许这样一种解读，即个人的性格受到生产条件的制约；或许它也可能允许这样一种解读，即在生产条件下——个人的“由这种自主活动产生出来的”这些条件——他们的性格在某种程度上得以表现出来。但是，与之前一样，我们没有理由把这种句式解读为一种还原论表达，即对人性的抛弃。

通过马克思唯物主义概念中暗含的人本学方法，到目前为止，我们已经遇到了关于普遍的人类能力或力量的观点：首先是生产能力，其次是语言能力，后者是人类意识的体现。《德意志意识形态》还包含许多关于个人需要的观点。当它说“他们的***需要即他们的本性***，以及他们求得满足的方式”总是把他们束缚在彼此之间的关系中时，它就在某种程度上明确地把个人的这些需要同化为他们的“本性”。[②]如果马克思对人类普遍的或永恒的需要有什么看法，那么这就与本书关于固有人性的论断是一致的，而且马克思确实也这么做了。它的基本性质再一次尽可能地明确了。除了刚才提到的那句表述中隐含的那些需要，即提示说明的“两性关系”中的性别关系，以及社会关系本身——正如在其他地方表达的那样，“由于需要，由于和他人交往的迫切需要”，“人们是互相需要的，而且**过去一直**是互相**需要**的”[③]——还有一个反复出现的短语“一切历史的……第一个前提”中的这个：“人们为了能够‘创造历史’，必须能够生活。但是为了生活，首先就需要吃喝住穿以及其他一些东西。因此第一

①CW，Vol. 5，p. 82；英文“the reality of their conditioned nature”翻译自德文“ihrer wirklichen Bedingtheit”。

②CW，Vol. 5，p. 437；“需要”在原文中是斜体，其余部分的斜体是我添加的重点。

③CW，Vol. 5，pp. 44，57.

个历史活动就是生产满足这些需要的资料，即生产物质生活本身，而且，这是人们从几千年前直到今天单是为了维持生活就必须每日每时从事的历史活动，是一切历史的基本条件……因此任何历史观的第一件事情就是必须注意上述基本事实的全部意义和全部范围，并给予应有的重视。”我们被这样告知，德国人从来没有这样做过，但法国人和英国人已经开始这样做了，即为首次书写市民社会史和工业史而给历史编纂学提供一个“唯物主义基础”。①

所以我们看到，将历史研究置于一个“唯物主义基础”之上在这里的含意是：不是“……动摇了人本学的理论需求”②等等，而是充分考虑到人类基本需要的持久命令。似乎这一点仍然缺乏强调，马克思后来重申，连同新需要的创造和物种的繁衍一起，对这一命令的响应，是“社会活动的这三个方面”之一，“从历史的最初时期起，从第一批人出现以来，这三个方面就同时存在着，而且现在也还在历史上起着作用”。③另一个地方的一段文字也包含了大致相同的观点：“即那些在一切关系中都存在、只是因各种不同的社会关系而在形式和方向上有所改变的愿望”，并在此引用了性欲和食欲；与其相对的是“那些只产生在一定的社会形式、一定的生产和交往的条件下的愿望”。④

在《德意志意识形态》的论述中，人类基本需要不仅实现了一种理论功能，还结合人类的普遍力量解释了人类社会的生产基础设施。由于符合马克思的革命立场，它们也具有明显的实践意义，作为判断和行动的一种规范。因此，举例来说，正如在阐述一切历史

①CW, Vol. 5, pp. 41–42.

②参见 Louis Althusser and Etienne Balibar, *Reading Capital*, London 1970, pp. 163, 166。

③CW, Vol. 5, p. 43.

④CW, Vol. 5, p. 256. 这段文本摘自手稿中删去的一段内容；但就它只是证实可以独立确定的东西而言，利用它是合理的。

的上述第一个前提时需要是重点一样，在阐述人类解放的前提条件时需要同样也是重点。马克思抛弃了这种思辨观念，他写道："……只有在现实的世界中并使用现实的手段才能实现真正的解放……当人们还不能使自己的吃喝住穿在质和量方面得到充分保证的时候，人们就根本不能获得解放。"[①]类似地，有鉴于人类的基本需要，对社会革命的迫切需要在以下针对费尔巴哈的批判中被证明是合理的："他没有批判现在的爱的关系。可见，他从来没有把感性世界理解为构成这一世界的个人的全部活生生的感性**活动**，因而比方说，当他看到的是大批患瘰疬病的、积劳成疾的和患肺痨的穷苦人而不是健康人的时候，他便不得不求助于'最高的直观'和观念上的'类的平等化'，这就是说，正是在共产主义的唯物主义者看到改造工业和社会结构的必要性和条件的地方，他却重新陷入唯心主义。"[②]

不是健康的人，而是那些需要休息和食物的人没有得到充分满足，他们缺乏健康。这符合已经证实的关于人性的规范用法，是对没有满足人类共同的内在需要的社会条件的不利判断，不利是因为社会条件让他们失望。此外，在该段文字中值得注意的是，它与《关于费尔巴哈的提纲》有某种相似之处。它的第二个断言直接来自于《提纲》的第一条和第五条，而第一个句子是对《提纲》第六条本身的一个清晰的呼应。但两者之间的关系比这更加密切，并与我们目前的关切更相关。因为，就在所引用的几行文本之前，费尔巴哈在这些方面受到了批判，这毫无疑问与《提纲》第六条和第七条的问题同源，或者是对《提纲》第六条和第七条的问题吹毛求疵："……因为他在这里也仍然停留在理论领域，没有从人们现有的社会联系，从那些使人们成为现在这种**样子**的周围生活条件来观察人们

①CW, Vol. 5, p. 38.
②CW, Vol. 5, p. 41.

——这一点且不说，他还从来没有看到现实存在着的、活动的人，而是停留于抽象的‘人’……”[①]根据这段引文，由于正是它们的社会条件使人们成为现在这种样子的，它也可能一直被视为否定人性的证据。可是，我们从后文中知道社会条件使人们在特定情况下成为的样子是疾病缠身、积劳成疾和饥饿不堪，所有这一切都唤起了人类的需要，但人类的这些需要并不归因于“人们现有的社会联系”，而仅仅归因于人们作为人的自然构造，即使人们确实归因于前者，这些需要也没有得到更充分的满足。我们必须得出这样的结论：这里所说的“使……成为”，在我们看来，是人的本性的条件作用；上述对费尔巴哈的批判是温和的而不是严厉的批判，是对关于人类固有性格的这一假定的限定而不是否定；它是这样的批判，即只为了把它与特定历史环境对人的影响分开来处理（因此，他停留于抽象的“人”）。我们也可以关注这一概念：感性世界**作为**构成这一世界的个人的感性活动。我们可以认为，这个概念至少在某种程度上类似于在一切社会关系的总和中表现出来的人的“本质”。这就是马克思在这段关于费尔巴哈的文本中的意思，很可能也是他在《提纲》第六条中的意图——很明显与之相关。无论如何，我认为这看起来比解读（3）更有可能。

如果我们现在根据马克思在这一点上的一切表述或暗示来制作一份人类普遍需要清单，那么到目前为止，我们已经有了这些需要：对其他人的需要，对两性关系的需要，对吃喝穿住和休息的需要，以及更笼统地说，对有利于身体健康而不是患病的环境的需要。在我们结束对《德意志意识形态》的考察之前，还有一种需要有待加入到这份清单中，那就是人们对广泛的、多样化的追求的需要，以及对个人发展的需要，正如马克思自己所表达的“全面的活动”“个

①CW, Vol.5, p.41.

人的全面发展”“个人的自由发展”“全面发展其才能的手段”等等。[1]毫无疑问，有些人会质疑这种需要的普遍性。但是，不管人们对它的评价如何，它都存在于这本著作之中，而我现在的目的只是诠释而已。当然，马克思不把它看成是一种生存的需要，比如像营养品那样。然而，除了思考一切人类生存的共同需要之外，正如我们已经看到的那样，他还意识到对“健康的”人的需要，以及“获得解放”的人们对“充分保证”的需要；他还谈到了“正常的”一切需要的满足。[2]这些修饰语清楚地表明，尽管他对人类需要的历史可变性的强调广为人知，他仍然认为这种变化处于一定范围之内，而这些范围不只是最低生存水平的范围。即使高于生存水平，对某些共同需要的供给太少，也会同压制一样造成一种一定程度的**痛苦**或疾病、残疾、营养不良、身体疼痛、从不间断的单调生活和身心疲惫、不幸、绝望。马克思认为，必须从这个意义上理解对各种活动的需要，前提不是生存本身，而是一种得以实现或满足的、快乐的生存。

看看他是如何谈论对这里所说的需要的忽视。他谈到“个人屈从于分工”，谈到“强加于他的”一定的特殊的活动范围；[3]他谈到了劳动成为工人“不堪忍受的”东西，被剥夺了“任何自主活动的假象”，而且再次谈到“强加于他”；[4]他谈到了工人本身“从早年起就成了牺牲品”。[5]劳动被说成只能“用摧残生命的方式”来维持个人的生命和现存的社会关系，而现存的社会关系要对他们的“缺陷”[6]——“生理的、智力的和社会性的缺陷和束缚”负责，其中的

①CW，Vol. 5，pp. 255，439，78.
②CW，Vol. 5，pp. 255，256.
③CW，Vol. 5，pp. 64，47.
④CW，Vol. 5，pp. 74，87，79.
⑤CW，Vol. 5，p. 79.
⑥CW，Vol. 5，pp. 87，425.

一个方面是由于分工的原因，大多数人的艺术天才受到“压抑”。[①]根据马克思的看法，迄今为止，“一些人靠另一些人来满足自己的需要，因而一些人（少数）得到了发展的垄断权；而另一些人（多数）经常地为满足最迫切的需要而进行斗争，因而暂时（即在新的革命的生产力产生以前）失去了任何发展的可能性。”[②]从措辞上来看，这并不是说人的本性仅仅依赖于历史上给定的社会形态，而是说它们之间存在某种张力，其前提显然是人类的持久需要没有得到满足。

以上是我从《德意志意识形态》中找到的论断。在该著作中，我们已经看到：对人性的明确提及；对马克思的新历史理论中不可或缺的、属于基本解释性的概念的使用；同样的规范性用法；他的人性观的部分内容，即包括能力和需要的某些人类普遍特征。此外，我们还看到多段与《提纲》第六条相类似的文本，而我已经试图表明，这些文本段落支持我的解读（1），也可能支持我的解读（2），但决不支持有争议的解读（3）。尽管我已经适时地从《关于费尔巴哈的提纲》开始向前推进，但接下来我想要回到先于《提纲》一年写就的一些文本中去。这听起来可能是一个相当无意义的事，因为认为马克思与一切人性观决裂的那些人通常把决裂确定为从1845年开始。在这种情况下，1844年的著作可能会揭示什么呢？事实上，它们揭示了最相关的问题：对这样一个传说，即《提纲》第六条的简练的核心句式——在所有事物当中，马克思的句式将人的“本质”与一切社会关系的总和关联起来——证明并且表达了这一概念上的决裂，进行名副其实的反证。因为事实是，最接近这个言简意赅的肯定的那些段落，也就是在形式、变化、强调等方面与它最相似的段落，在日期上实际上先于它。准确地说，它们属于马克思的早期

①CW, Vol. 5, pp. 432, 394.
②CW, Vol. 5, pp. 431-432.

著作。

在《德意志意识形态》中，我们曾碰到这样的说法：个人是什么样的，即他们的现实，与他们的生产方式，或他们的生产条件，或者他们的其他东西**相一致**或**相适应**，也可以说是他们的生产条件造就了他们。我认为这种说法与《提纲》第六条的第三句话非常相似。不过，在早期文本里，基本内容的相似性被形式的同一性所补充，正如马克思提出的那样，确切地说是以《提纲》第六条的方式提出，即现在的人，现在的人的"本质"，现在的个人，仅仅**是**社会或共同体或社会整体。就他在其中这样做了的这些段落而言，认为**它们**是对人性的否定，确实会很荒谬。一方面，它们从字面意思来看就不是对人性的否定。另一方面，这是对前者的解释，它们与马克思早期著作中已知的普遍存在的整个人性概念同时存在，与异化和人类解放等以它为依据的思想紧密相连。在列出这几个段落之际，我再次提请读者注意对（1）和（2）作为《提纲》第六条的两种解读方式所提供的证据。

第一个段落来自《〈黑格尔法哲学批判〉导言》："**人创造了宗教**，而不是宗教创造人。就是说，宗教是还没有获得自身或已经再度丧失自身的人的自我意识和自我感觉。但是，人不是抽象的蛰居于世界之外的存在物。人就是**人的世界**，就是国家，社会。这个国家、这个社会产生了宗教，一种**颠倒的世界意识**，因为它们就是**颠倒的世界**。"[①]就像在《提纲》第六条中的那样，这里的出发点是宗教，并且正如《提纲》第七条中所说的那样，宗教是一种社会产物。因此，这完全是同一个语境，你看：**但是，人不是抽象的……存在物**（德语是Wesen）……**人就是人的世界**……**社会**——毫无疑问也完全是同一个思想。这里再提一句也许是恰当的，即正是在这篇

①CW, Vol. 3, p. 175.

《导言》中，马克思发表了以下有点“人道主义的”宣言：“所谓彻底，就是抓住事物的根本。而人的根本就是人本身……对宗教的批判最后归结为……**绝对命令**：**必须推翻**使人成为被侮辱、被奴役、被遗弃和被蔑视的东西的**一切关系**”。[①]

现在这里有一段来自马克思《巴黎笔记》中《詹姆斯·穆勒评注》的摘录：“因为**人的**本质是人的**真正的社会联系**，所以人在积极实现自己**本质**的过程中**创造**、生产人的**社会联系**、社会本质，而社会本质不是一种同单个人相对立的抽象的一般的力量，而是每一个单个人的本质，是他自己的活动，他自己的生活，他自己的享受，他自己的财富。”

几行之后，马克思再次谈到这个社会联系：“人们——不是抽象概念，而是作为现实的、活生生的、特殊的个人——**就是**这种存在物。这些个人**是怎样的**，这种社会联系本身就是怎样的。”

而在这之后不久，又提道：“**人们的社会联系**或他们的积极实现着的**人**的本质……他们在类生活中……的相互补充。”[②]这样，人的“本质”和社会存在就被反复确认了，这里很明确的是，前者被认为在后者中得以**积极实现**。

这些段落摘自马克思的《巴黎笔记》，它们的主题随后在《1844年经济学哲学手稿》中再次出现。其中有一段文本与第一条摘录明显呼应：“首先应当避免重新把‘社会’当作抽象的东西同个体对立起来。个体是**社会存在物**。因此，他的生命表现，即使不采取**共同的**、同他人一起完成的生命表现这种直接形式，也**是社会生活**的表现和确证。”

接下来又依序回应了第二条摘录：“因此，人是**特殊的**个体，并

①CW, Vol. 3, p. 182.

②CW, Vol. 3, p. 217.

且正是人的特殊性使人成为个体，成为现实的、**单个的**社会存在物，同样，人也是**总体**。”[①]

换句话说，这种形式的表达在1845年以前就出自马克思的笔下，而且显然没有表明对人性观的放弃。那么，有什么理由认为，在《关于费尔巴哈的提纲》中的这个完全相同的表达突然就变成了这样一种放弃的表达呢？阿尔都塞提出了一个论断，可能是用来回应这个问题，但在这里它失败了。也就是，每一个理论要素——句式、断言或概念——只从它所处的更广泛的概念领域中取得其意义。在两个互不相同的“总问题”之中，表面上类似的要素可能在含义上南辕北辙。然而，要使这种推理适用于目前的情况，显而易见的是，只在马克思1845年之后的著作中发现一条新理论是不够的。此外，我们应该已经知道，这一理论包含的材料允许这样推论，即他现在摒弃了对人性的假设。但就目前的情况来看，我们还不知道这一点。这就是问题所在。

切记，马克思在《提纲》第六条中对人的“本质”的特征描述本身就应该是对它的证据。一旦我们通过展示它与马克思早期著作中的一系列类似表达之间的连续性来表明它是多么糟糕的证据，那么仅仅指向“总问题”观念便无法恢复其可信度。这将需要从更广泛的概念语境中寻找更有说服力的、更加实质性的证据，来证实这种表面上的连续性实际上是一种不连续，是一种迄今完全符合人性假设、现在却断然地与之相矛盾的断言。马克思关于人的“本质”的著名描述的更广泛语境，起初仅仅是通过几个简短的注释，即《关于费尔巴哈的提纲》的其余部分，而形成的。这些注释里没有任何东西可以证明这种含义突变。而且我们已经看到，当我们拓宽视野进一步考察紧随其后的著作时发现了什么。因此，在这种情况下，

①CW，Vol. 3，p. 299.

我们得到了一个很好的讽刺：这一句式，尽管被如此娴熟地、频繁地引用作为揭示马克思抛弃了他年轻时对人性的存在的信念，却在他年轻时的著作中有着最清晰的渊源。

顺便说一句，我对这一观点，即马克思的思想在1845年前后的发展具有决定性意义，没有任何异议。那时开始成形的理论集成，即传统的“历史唯物主义”，在知识的丰富性和力量，以及其政治影响等方面，要胜过他早期著作中的内容。阿尔都塞提出的**认识论断裂**，其优点在于，当它面对这样一个普遍趋势，即以马克思晚期著作为代价来宣传其早期著作，以马克思的理论为代价来宣传马克思主义伦理，以及以马克思的科学和政治成就为代价来宣传他的人道主义的趋势，而需要突出重点时，就能将注意力集中到这一点上。但是，没有人会为选择上的简单性所迫，“是一个马克思还是两个马克思?”真正的图景是一种理论上的发展，它在某些地方表现为真正的新颖性和变化性，但同时也表现为概念的某种稳定性，表现为明确的连续性和强烈的连续性。它的细节经得起仔细研究。除了提供有益的服务外，认识论断裂概念还带来了许多多余的学说包袱和一些不良的知识习惯。

“总问题”概念完全是故弄玄虚，使得在马克思著作中发现其中根本不存在的概念、“新奇”——巴黎人最近爱用的词、立场、不连续性等成为可能。在如此“不出现的在场”之中的是他所谓的与一切普通人本学的断裂。事实上，这里有一种连续性：他从头到尾都赞同关于一般人性的假设。现在我要从《提纲》的直接文本语境转到之后一段时期的著作来完成对这一点的论证。

马克思成熟期的作品，特别是《资本论》和与它最密切相关的一些作品，为上面已经阐明的几乎一切提供了强有力的佐证。要一一细述之，不但会枯燥乏味，也毫无必要。我的论断实质上已经提出，我对（3）作为《提纲》第六条的解读的反驳已经使得我提出异议的这一观点被剥夺了其唯一拿得出手的证据。在这个阶段，只要我们证实已经确定的观点的大致轮廓继续延伸到马克思后来的著作中，那就足够了。

首先，仍然有对我们所定义的人性的公开谈论。其中的一个例子［部分是对杰里米·边沁（Jeremy Bentham）的负面评论］如下："假如我们想知道什么东西对狗有用，我们就必须探究狗的本性。这种本性本身是不能从'效用原则'中虚构出来的。如果我们想把这一原则运用到人身上来，想根据效用原则来评价人的一切行为、运动和关系等等，就首先要研究人的一般本性，然后要研究在每个时代历史地发生了变化的人的本性。但是边沁不管这些。他幼稚而乏味地把现代的市侩，特别是英国的市侩说成是标准人。"①可以清楚地看到，这一区分与这里始终贯穿的区分十分吻合，边沁也因此受到指责，但只是指责边沁的肆意概括，而不是就这个观点本身而言对普遍人性的指责——实际上是指责边沁未能严肃地探索人性是什么。第二个例子——这次是规范用法——涉及马克思对必然王国和自由王国的区分。关于前者，即物质生产的领域，他写道："这个领域内的自由只能是：社会化的人，联合起来的生产者，将合理地调节他们和自然之间的物质变换，把它置于他们的共同控制之下，而不让它作为一种盲目的力量来统治自己；靠消耗最小的力量，在最无愧于和最适合于他们的人类本性的条件下来进行这种物质变换。"②

另一个例子涉及我们早些时候遇到的自然界的划分。马克思讲的是抽离了资产阶级形式的财富，称之为"就是人对自然力——既是通常所谓的'自然'力，又是人本身的自然力——的统治的充分

①Karl Marx, *Capital*, Vol. Ⅰ (Penguin edition), Harmondsworth 1976, pp. 758-759.

②Karl Marx, *Capital*, Vol. Ⅲ, Moscow 1962, p. 800.

发展”；而且他将这一点与我已经遇到的其他东西联系起来，即将“人的创造天赋的绝对发挥”与“人类全部力量的全面发展成为目的本身”[①]联系起来。同样的观点也出现在其对李嘉图的辩护中：“为生产而生产无非就是发展人类的生产力，也就是**发展人类天性的财富这种目的本身**。”[②]而且通过对比，反复提及这种“天性”，即天赋和力量之所在，同时也设定了某些自然**界限**，如劳动生产率、工作日长度，以及劳动力价值的下限。[③]

除了以直接的方式提及人性之外，从《德意志意识形态》中收集到的所有补充的理论内容也依然存在。如果再也没有任何表达与这种以《提纲》第六条的第三句话为范例的表达类型相对应，而与《提纲》写作时间相近的著作中都充满了这种表达，那么对至少一部分中心观点的断言仍然一次又一次地发生。人是社会存在物，“不仅是一种合群的动物，而且是只有在社会中才能独立的动物”。[④]当然，以历史主义的方式，把这种对人的社会性的坚持，看成是反对关于人类同一性的任何假设，这并非不常见。但这是最简单的逻辑错误。无论这种思想在历史上有多大程度的变化，它本身就是**对人性的概括**。作为对历史主义回应的一个告诫，值得注意的是这一思想中明显的自然主义（毫无疑问，有人甚至会说是“庸俗唯物主义”）维度。在《资本论》的《协作》一章中，马克思提出了这一观点：“且不说由于许多力量融合为一个总的力量而产生的新力量。在大多数生产劳动中，单是社会接触就会引起竞争心和特有的精力振奋，从而提高每个人的个人工作效率……这是因为人即使不像亚里士多德

---

①Karl Marx, *Grundrisse*, Harmondsworth 1973, p. 488.

②Karl Marx, *Theories of Surplus Value*, Moscow 1968–72, Vol. Ⅱ, pp. 117–118.

③*Capital* Ⅰ, pp. 647, 664, 526–527; *Capital* Ⅲ, p. 837.

④*Grundrisse*, p. 84; and cf. *Capital* Ⅰ, p. 144 n.

所说的那样，天生是政治动物，无论如何也天生是社会动物。”[①]之后不久，他又重申这一点——个人之间的结合“振奋他们的精力”——是“社会劳动的生产力”的几个方面之一，事实是工人通过与其他人协作，“摆脱了他的个人局限，并发挥出他的种属能力。”[②]

在人类的这些能力之中，马克思的首要兴趣仍然是生产。它是人类的一个普遍特征，其普遍性既表现为可能性，又表现为必然性。作为可能性，它是劳动力，“每个……普通人的有机体……的……劳动力”，为“一个人的身体即活的人体中存在的……体力和智力的总和”。[③]在劳动过程中，人就使这些——“他身上的自然力——臂和腿、头和手”[④]——运动起来，而劳动过程本身是必要的。它是“不以一切社会形式为转移的人类生存条件，是人和自然之间的物质变换即人类生活得以实现的永恒的自然必然性”[⑤]。此外，它是“人和自然之间的物质变换的一般条件……为人类生活的一切社会形式所共有”[⑥]。而且，它区分了种属。马克思写道，“我们要考察的是专属于人的那种形式的劳动”，并将它与“最初的动物式的本能的劳动形式”相对比，在著名的建筑师和蜜蜂的比较中，他强调了其合目的性或意向性，即根据预先设想的目的有意识地调节活动模式。[⑦]同样地，“劳动资料的使用和创造，虽然就其萌芽状态来说已为某几种动物所固有，但是这毕竟是人类劳动过程独有的特征”[⑧]。马克思把这一过程的要素，即物质条件、劳动资料和工人的活动，描述为

---

①*Capital* Ⅰ,pp. 443-444.

②*Capital* Ⅰ,p. 447.

③*Capital* Ⅰ,pp. 135,270.

④*Capital* Ⅰ,p. 283.

⑤*Capital* Ⅰ,p. 133.

⑥*Capital* Ⅰ,p. 290.

⑦*Capital* Ⅰ,pp. 283-284,287,290;CW,Vol. 1,pp. 166-167.

⑧*Capital* Ⅰ,p. 286.

“不变的自然条件”和“这一点实际上是人类劳动一旦脱离纯粹动物的性质就具有的绝对规定”。[①]

我们在马克思的后期著作中发现了关于这种人类力量的生产能力，以及关于人的需要的论述——这证实了之前所阐述的立场。在《德意志意识形态》中也发现了相同的概念组合，只不过现在的形式是“我的需要……需要和欲望的总体的我自己的自然”[②]，与我们的情况相一致，即在马克思看来，个人的“自然”包含了一个不变量，即我们所定义的人性，这又有了一种永恒的、普遍的需要。它们出现在不同的条目之下，既有“自然需要”“维持身体所必不可少的生活资料”“身体的需要”等，又有“社会需要”。[③]可以肯定的是，第一类会随着气候和其他环境的变化而变化，而第二类则受“文化水平”的制约。然而，尽管如此，仍有一定普遍性的需要未受影响，像以前一样，我们可以为这些需要制定一份清单，不过这份清单要比第一份稍微详细一些：食物、衣服、取暖、居住、燃料、休息和睡觉；卫生、“维持健康”、新鲜空气和阳光；智力需要、社交活动，以及以“两性关系”为前提的性别需要；对为婴儿、老年人和残疾人士提供帮扶的需要，以及对安全和健康的工作环境的需要（“空间、空气、阳光以及对保护工人在生产过程中人身安全和健康的设备系统”——否则，“还以牺牲……全部五官为代价”）。[④]

这种需要决定了人与自然之间的普遍“物质变换”，构成了劳动力价值的一个要素，它们规定了工作日长度的上限，并负责必须总是代表无工作能力者完成的剩余劳动部分。然而，除了马克思要求

---

①“Results of the Immediate Process of Production”, pp. 1021–1022.

②*Grundrisse*, p. 245.

③*Capital* Ⅰ, pp. 275, 277, 341; cf. *Capital* Ⅲ, p. 837.

④除最后一项以外，这份清单摘自以下来源：*Capital* Ⅰ, pp. 275, 341, 375–376, 621; *Capital* Ⅲ, pp. 826, 854。最后一项参见 *Capital* Ⅰ, pp. 552–553, 586, 591; *Capital* Ⅲ, p. 86。

它们作出解释的内容之外，它们在马克思的成熟著作中一如既往地发挥着重要的规范性作用。不管它是理论和社会解释，还是科学解释，这本著作都体现了一种基于一个关于人类基本需要的概念的道德指控和一种伦理立场，换言之，其中涉及了人性观。面对《资本论》中清晰、持久、激情的论述，我们真的有可能怀疑或忽视这一点吗？在那里，我们看到了过度劳动的“暴行”“折磨”“残酷”；[①]看到了劳动过程中资本对工人健康的最基本条件的“掠夺”和“剥夺”，“缺乏一切对工人来说能使生产过程合乎人性、舒适或至少可以忍受的设备”；[②]在这里，追求节约是“杀人的”——因此，是工业“暴行”，超过了但丁所想象的最残酷的地狱中的那些情景——而且资本还“侵占”和“掠夺”了满足其他重要需要的时间[③]，而且“生活资料”不足以满足大量人口“体面地、像人一样地”生活，“住宅过分拥挤和绝对不适于人居住”“恶劣的居住条件”“贫困积累”“体力和智力的衰退”。[④]我们看到了资本不关心劳动力“维持正常状态”，只关心劳动力达到最大的耗费，而“不论这是多么强制和多么痛苦”；[⑤]我们看到了劳动力被“无耻的浪费”“无情的浪费”“破坏和衰退”，因此破坏了“人类的自然力”；[⑥]我们看到了一种生产方式不但“浪费工人的生命和健康”，还“对人身材料非常浪费”。[⑦]马克思将工人的命运描述为需要“不断牺牲”，是“殉难史”。[⑧]他认为，在资本主义制度下的财富增长“是以牺牲个人为代

①*Capital* Ⅰ,pp. 345,381,599.

②*Capital* Ⅰ,pp. 553,591,599;*Capital* Ⅲ,p. 86.

③*Capital* Ⅰ,pp. 592,356,375-376.

④*Capital* Ⅲ,p. 252;*Capital* Ⅰ,pp. 813,799,381.

⑤*Capital* Ⅰ,p. 376.

⑥*Capital* Ⅰ,pp. 517,591,618,638;*Capital* Ⅲ,p. 793.

⑦*Capital* Ⅲ,p. 86.

⑧*Capital* Ⅰ,pp. 618,638.

价的”。[①]

最后，“工人的发展需要”是他所关注的问题之一：因此需要有时间“自由运用体力和智力”“发展才能等等的**用武之地**”，以及从事各种各样的追求——马克思说，因为人的“精力是在活动……的变换中得到恢复和刺激的”[②]。当然，时间、范围和多样性并不一定意味着不需要付出任何努力，事实上马克思也没有这么说。他认为，劳动力的耗费是人的“正常的生命活动”，是从事某种劳动和“停止安逸”的需要，“克服这种障碍……就是自由的实现”。真正自由的劳动是一件“极其紧张的事情”。[③]但是，这是自我规定的事情，被认为是个人广泛发展的一部分。从《共产党宣言》中那句关于“每个人的自由发展”和“一切人的自由发展”的著名表述，到《哥达纲领批判》中对“个人的全面发展”的探讨[④]，马克思对这一问题的关注不但显著地存在于他直接相关的纲领性著作中，而且在他的理论性著作中也充满了这方面的迹象：个人的“艺术、科学等等方面的发展”和“充分发展”及“自由……脑力活动和社会活动”；[⑤]“自由活动……不……是在……外在目的的压力下决定的”和“作为目的本身的人类能力的发挥”[⑥]，“以每一个个人的全面而自由的发展为基本原则的社会”和教育相应地造就“全面发展的人”。[⑦]

在这些和其他类似的表达中，马克思为人类设想了一个更美好的生活。与此同时，他试图用一种充满苦难、压迫、残缺和缺陷的

---

①“Results of the Immediate Process of Production”, p. 1037.

②*Capital* Ⅰ, pp. 772, 375, 460; *Theories of Surplus Value* Ⅲ, p. 256.

③*Capital* Ⅰ, p. 138; *Grundrisse*, p. 611.

④CW, Vol. 6, p. 506; *Selected Works*, Vol. 3, p. 19.

⑤*Grundrisse*, pp. 706, 711; *Capital* I, p. 667, 同时参见 *Grundrisse*, pp. 158, 708; *Capital* Ⅰ, p. 618; *Capital* Ⅲ, p. 854。

⑥*Theories of Surplus Value* Ⅲ, p. 257; *Capital* Ⅲ, p. 800.

⑦*Capital* Ⅰ, pp. 739, 614; and cf. p. 638.

语言和意象，来描绘一种长期而持续的缺憾体验，这是另一类别的未被满足的人类需要。因此，在剥削和外部强制的情况下，劳动是“令人厌恶的”，是一种“折磨”，是“奴隶制”。[①]资本主义的劳动分工，在其形式上是“令人厌恶的”或“可怕的”[②]，工人适应于“一种片面的职能，终生从事这种职能”——一种“靠牺牲完整的劳动能力”发展起来的片面的能力，“畸形物……压抑工人的多种多样的生产志趣和生产才能”，在“智力上和身体上”畸形化，“从生命的根源上”受到侵袭，“终生固定从事某种局部操作”，“被束缚在最简单的操作上”。[③]有“对工人个人的活力、自由和独立的有组织的压制”和对“肌肉的多方面运动”的压抑。[④]工人在年龄还很小的时候就变成了“单纯制造剩余价值的机器”，或者不得不“转化为局部机器的一部分”，成为它的一个“有自我意识的附件”，因而被扭曲成为一个“局部的人”。[⑤]

---

①*Grundrisse*, p. 611; *Capital* Ⅰ, p. 799; “Results of the Immediate Process of Production”, p. 989; *Theories of Surplus Value* Ⅲ, p. 257.

②*Capital* Ⅰ, pp. 547, 614.

③*Capital* Ⅰ, pp. 469, 474, 481, 484, 614, 615.

④*Capital* Ⅰ, pp. 638, 548.

⑤*Capital* Ⅰ, pp. 523, 547, 614, 799.

第四章 保卫人性

证据不但清晰明了，而且非常丰富——马克思并未摒弃人性观。现在唯一能做的事，就是考察关于他摒弃了人性观的误解是如何达到如此普遍之地步。除了《提纲》第六条这一点之外，被用来支持这种误解的还有两套截然不同的理由，但其中任何一个都是不充分的：其一，声称还有其他文本证据（因此，也就与我所收集的上述证据相反）；其二，声称人性概念应该被摒弃。从严格意义上来讲，这第二种考量与本研究无关，但我们会同样予以考察。现在，我将对这两种类型的几个不同理由一一予以简要的评述和批判。

至于所谓的其他文本证据，它包括了马克思所假设的各种论断，就像《提纲》一样，以便证明他对人性的否定。然而，就证据的作用而言，这些论断甚至还不如《提纲》有价值。它们通过不同的方式关涉到人，关涉到人的不同概念，仅此而已。它们所声称的证据，只不过是一种臆造罢了。只要仔细甄别，必将原形毕露，迅速消解。

1. 在各种不同著作中，马克思经常谈到人类需要的变化或发展，谈到在历史进程中不断涌现的新需要。[①]相应地，他还谈到了人的本性的转变。拿《资本论》来举一个例子，他说，人“作用于他身外

①参见CW, Vol. 5, p. 42 and Vol. 6, p. 117; *Grundrisse*, pp. 408-410; *Capital* Ⅰ, pp. 275, 341, 647, 649, 701; *Capital* Ⅲ, pp. 799-800, 837。

的自然并改变自然时，也就同时改变他自身的自然。”[①]这一类的断言有时被拿来作为对存有争议的主张的支持。不过，它是这样一个基本逻辑观点，即宣传它所改变的任何事物，并未使我们相信关于它的**一切**都发生了变化，也并未使我们相信它**没有**持久的特征。要不然，人们在收到关于天气变化的预报时会比通常情况下更为焦虑不安。这里，更为贴切地说，把上面这句引自《资本论》的话理解为否定人性的一切恒久的、普遍的特性，和把它同样理解为否定“外部自然”中的任何恒定不变的要素一样合理，一样明智；也就是说，根本并非如此。事实上，后一个推断虽然并非完全无人知晓，却也相当罕见，因为我们偶尔会遇到这样的观念，即根据马克思的观点，自然本身是人的创造物，是历史的产儿，等等——这种观念的“合理的内核”是马克思确实认为人类活动极大地改变了自然世界，但是这种不加限制的改变所揭示的，不过是这一整条思想路线的赤裸裸的唯心主义。诚然，由于人类本身是自然进化的产儿，所以对恒定不变的人类性格、恒定特征的指称，并非绝对意义上的讨论。但是**相对地来说**，在马克思的历史理论的时间范畴内——仅仅是数千年而已，只不过是人类进化历程中的一个片断——关于人的恒定的、普遍的属性的观点当然是站得住脚的。无论如何，他关于人类历史变化的许多阐述，从逻辑上来说，是与这一观点相一致的，因此并无任何证据支持关于他摒弃了它的这一看法。

2.在《德意志意识形态》的许多段落中，马克思批判了黑格尔和青年黑格尔派的思想，对历史，同样还有人，进行了思辨和目的论的处理。例如，他写道：“把……得出结论说，历史上始终是思想占统治地位，这样一来，就很容易从这些不同的思想中抽象出‘思

①*Capital* Ⅰ，p. 283；同时参见 *The Poverty of Philosophy*：“history is nothing but a continuous transformation of human nature”. CW，Vol. 6，p. 192。

想’、观念等，并把它们当作历史上占统治地位的东西，从而把所有这些个别的思想和概念说成是历史上发展着的概念的‘自我规定’。在这种情况下，从人的概念、想象中的人、人的本质、人中能引申出人们的一切关系，也就很自然了。思辨哲学就是这样做的。”[①]换言之，马克思抛弃了这一观点，即历史是某一个（如“世界精神”、“自我意识”，甚至是“人”这样的）超验主体的杰作，是某个“形而上学幽灵”、“从事自我产生这种神秘活动的唯一的个人”的行动。[②]他同时抛弃了关于某种原始历史命运或计划的假设，比如说，在这种假设中，“人”是“世界历史的终极目的”；他说，如果“后期历史是前期历史的目的”，那么实际的进程“被思辨地扭曲”了。[③]现在，就这些指责适用于马克思早期著作各个方面的程度来看[④]，它们可以被看作是马克思的自我批判以及其他导向，是他著名的账目“清算”概念的一部分[⑤]，因而也是某一种精神断裂的证据。但是，这里又有一个基本逻辑观点需要提出来。抛弃人的思辨观念，并不等于抛弃普遍人性的概念，特别是唯物主义的人性概念，即一个基于客观调查、对科学修正和科学研究程序开放的概念。因此，将《德意志意识形态》中的这些段落解读为对人性观本身的争论，只不过是武断地、毫无根据地延伸马克思自己的论断。

3.正是通过对他的另一个非常熟悉的论断进行同样毫无根据的延伸，有时它也被如此解读。根据马克思的观点，在现存社会制度安排的意识形态合法化中，标准机制是将实际上是这些安排的历史特殊性表现为普遍性。一种社会秩序的制度或其特征经过抽象概括，

①CW，Vol. 5，p. 61.

②CW，Vol. 5，pp. 51-52，88-89.

③CW，Vol. 5，pp. 81，486，50；and cf. pp. 57，293，305.

④参见CW，Vol. 3，pp. 304-306，332-333。

⑤*Contribution to the Critique of Political Economy*，p. 22.

使其看起来是必需的、恒久的，甚至是**自然的**；用《共产党宣言》的话来说，变成“永恒的自然规律和理性规律”。[①]在前面摘引的关于边沁的评论中，我们已经看到过这种反复出现的例子，大意是边沁天真地认为现代小资产阶级是全人类的典型。[②]同样地，马克思也指责蒲鲁东把竞争看作“**人类灵魂**的某种必然要求”。[③]而且他指出，斯密、李嘉图和18世纪的社会契约论思想家普遍认为，正是“自然竞争的社会”的出现产生了孤立的、独立的个人，而这是他们的理论出发点。马克思认为，这种个人合乎“他们关于人性的观念”。[④]在诸如这些的论断中，马克思反对的是他所认为的对历史上形成的、具有特定文化背景的属性的**错误**概括。他也试图揭露（有时明确地，有时只是含蓄地）它的**保守的**意识形态作用。很明显，反对一个错误的或保守的人性概念并不等于抨击所有的人性概念。质疑某些已命名的特征是否是恒久的、自然的特征，既没有说也没有暗示不存在恒久的和自然的人类特征。

4.在《资本论》中，马克思谈到个人是经济类关系的“人格化”和“承担者”（德语是*Träger*）。[⑤]例如，资本家的禁欲主义，他为了积累而积累财富的动机，被解释为这样一个人的必要条件：即（资本）“这一运动的承担者”、“人格化的资本”、某个“社会机制”的“主动轮”、资本的“单纯执行者”。[⑥]最近“结构主义”在对马克思思想的解读中已经对这一点做了大量的阐述，而且它确实包含了一个重要的（如果经过精心组织的话）历史唯物主义观点，关涉个人动机和行动的社会基础。但是，对马克思自己来说，认为它构成了

①CW, Vol. 6, p. 501.

②Karl Marx, *Capital*, Vol. Ⅰ (Penguin edition), Harmondsworth 1976, pp. 758-759.

③CW, Vol. 6, p. 192.

④*Grundrisse*, p. 83.

⑤*Capital* Ⅰ, pp. 92, 179; *Capital* Ⅲ, pp. 804, 857-858.

⑥*Capital* Ⅰ, pp. 254, 739; *Theories of Surplus Value* Ⅰ, p. 282.

一个包罗万象的解释**体系**，是对人性假设的一次全面的结构主义推定处理，这是毫无意义的。这样解读它不仅徒劳无益，而且任性善变，这一点很快就会显现出来。首先，马克思可以轻松地说，个人确实把社会关系人格化了，但他也可以在适合他的时候同样轻松地说，他们没有。他能根据人们的职能来区分和疏远他们，也能根据他们的职能来认出他们的身份。因此，他断言，随着资本主义的发展，在其代理人中存在着一种更为奢侈的消费："随着资本主义生产方式、积累和财富的发展，资本家不再仅仅是资本的化身。他对自己的亚当具有'人的同情感'"。[①]为了生产，资本家现在无法实现生产的"理想"。[②]同样，马克思曾经把工人描述为"人格化的劳动"，紧接着又说工人会发现这种劳动"是一种痛苦，是一种消耗"。[③]就马克思而言，整个话语模式是一个适应性强的、开放的模式，使用了许多习语。这不是有些人想要强加给他的那种封闭的、独立的形而上学。此外，他所说的经济范畴和关系的承担者不仅有人，还有事物：使用价值作为价值和交换价值的承担者，更笼统地说，物质条件是特定社会关系的承担者。[④]人们也可以这样解读他的意思，即所讨论的物质对象和条件缺乏内在的自然属性，或者可以用它们"承担"的社会关系来详尽地解释。

5. 与第4点密切相关，因此不值得另作评论的是马克思的这些辩论，即反对那些人在诉诸于某种共同人性时将阶级差异抽象掉的辩论：例如，对于卡尔·海因岑，他驳斥说，"硬要一切阶级在'人性'这个炽热的思想面前消失……海因岑先生认为，以不依自己意志为转移的经济条件做为存在的基础并因这些条件而彼此处于极尖

①*Capital* Ⅰ, p. 740.

②*Theories of Surplus Value* Ⅰ, p. 282.

③"Results of the Immediate Process of Production", p. 989.

④*Capital* Ⅰ, pp. 126, 138, 293; *Capital* Ⅲ, pp. 798, 806.

锐的对抗中的各阶级，可以靠一切人们所固有的属性‘人性’而越出本身存在的现实条件……”[①]在这里，“人性”一词加上的引号显然表达了某种讽刺；与其他地方一样，马克思对使用这些轻视或忽视阶级利益和阶级限制的概念进行了嘲讽。[②]而这也是历史唯物主义的一个核心问题。但是，作为证据，它并不比“承担者”这个语汇更好。坚持阶级的重要性，决不能使人否认个人之间具有共同人性。这并不意味着他们的阶级已经囊括了他们的一切属性。

总的来说，所有其他的证据都没有任何价值。它们都是假证据。从它们作为证据的情形来看，最有趣的是任何人竟然都认为它们是证据。既然他们已经这样认为了，而且鉴于马克思作品中有如此之多的证据证明他没有摒弃人性观，这表明关于他确实摒弃了人性观的想法可能还考虑到与直接文本证据无关的各种原因。截至目前，都是马克思主义者他们自己在这样宣传它，而我认为一直有这样一种众所周知的趋势，即想要并且声称老祖宗赞同他们自己对各种事情的理解。因为，就许多马克思主义者而言，这确确实实是他们自己坚定认为存在普遍人性的假设是错误的；因此，他们坚定认为这种思想**应当**被否定。现在我接着反驳通常为支持这个观点所提出的各种理由。这样，我最后超越了对文本的讨论，竭力主张马克思不仅没有摒弃人性观，而且他不这样做是**对的**。但是，不言而喻的是，即使我们能够举证各种理由来反对人性的概念，这也不能表明马克思自己曾摒弃了它，而是仅仅表明，要是他不曾摒弃它，那么这是一件令人遗憾的事。所以，倘若下面某项论证或所有论证都不能奏效，那就与解释学理由毫无关系了，而本书的主要目的一直是要阐明其解释学理由。通常给出的反对人性观的主要理由似乎就是这些。

6.它是一种反动的观念，用来反对社会主义，反对任何激进变

①CW, Vol. 6, p. 330.

②Cf. CW, Vol. 6, p. 511.

革计划；提出它旨在暗示、支持现有社会制度或社会模式的某个糟糕透顶的特性或其他的特性，是人性中一个恒久的、无法消除的部分。毫无争议，这种暗示经常出现：不仅关涉到自私、贪婪、权力欲望、残暴行为，还关涉到私人财产、社会与性别不平等、民族主义、暴力和战争，以及其他许多事情。然而，在如此这些来自人性的论断中，至关重要的不是**存在**一种人性，而是**这些论断**都是它的属性。作为回应，我们只需表明它们不是人性，或在我们无法表明的时候给出理由来希望它们不是。我们无需否认人性构成中有一些恒定不变的属性。关于这种假设本身在政治上是反动的说法，完全是不对的。它涉及人类基本需要，不论是对充足食物和其他物质供给的需要，对爱、尊重和友谊的需要，还是对精神和身体自我表达的自由和广度的需要；它涉及确认与他们没有得到满足相关的痛苦和压迫，并试图改变或废除可能导致他们感到沮丧的那些制度——这肯定是任何名副其实的社会主义政治的核心部分：同不利于人类幸福的一切作斗争。

在当今的世界上，为反对饥饿而抗议和行动会是反动的吗？为反对酷刑呢？难道这样做的一个动机——我不是说唯一的一个——不是一个概念，即由于人性的原因，关于任何一个健康的人的生命需要的一个基本概念？无论如何，这一主张，即这是一个反动的概念，背叛了一个关于它在社会理论史上的地位的非常片面的观点。根据我的文献查证，马克思对它的用法就是一个很好的例子。这种用法的优势在于其批判性和进步性，与许多社会主义的、无政府主义的、共产主义社会的以及其他激进思想的用法达成广泛的一致。①

7. 也有人说，这是一个唯心主义的概念。但是这与上一个理由同样混乱不堪，所以应给予它完全相同的回答：仅仅因为存在各种

①但是，马克思随口提到的一些关于女性的观点暗示了，也许需要从这种评价中排除一些假设。

唯心主义的人性概念，并不能推导说它的一切概念都是唯心主义的。在人性这一标题下，常常存在着各种人们可能称之为神化工程的东西，准确地说，即企图将人类从自然中解放出来的各种尝试，即通过求助于自由意志、心灵、纯粹独创的各种想法、每个人内在的神性火花等等，将人类从他们自己的生物学束缚和实际上物质堕落本身中解放出来，或者说使他们超越他们自己的生物学束缚和实际上物质堕落本身。然而，在这里，只是这样断言，即由于人的社会和历史形态的缘故，人性完全不存在，不可能是一个适当的唯物主义回应。相反，这可能只是它声称要挑战的那个唯心主义的一种隐蔽形式。通过将社会/历史和自然之间绝对区分开来，它将人类从自然界中剥离开来——特别是与**其他物种**分离开来，但决不否定其他物种本身拥有一个内在本质——在这个方面起到了与刚才提到的神学概念完全一样的作用。针对这些，任何真正的唯物主义必须坚持这种观点，即尽管人类作为一个物种是独特的，而且就他们只能用社会历史特殊性来解释的一切性格、活动和关系而言，人类不过和所有其他物种一样，是物质的、自然的存在物；“无法挽回地”植根于一个特定的生物构造之中；与自然界的其他部分**紧密相连**。这种坚持表明了对人性的另一种观点，而不是否定它。

8.不过，对唯心主义的指责也可以从另一种意义上来表达。它是由马克思主义者提出的，而马克思主义者使唯物主义向科学看齐。认为人性概念是唯心主义的那些人有时似乎是指，无论其具体内容是什么（即，从第7点中讨论的各种意义来看，是唯心主义的还是唯物主义的），在科学的历史研究中，它阻碍了可靠的理论研究。它是哲学意义上的一种普遍性，只适合对人进行思辨性的处理，代替具体而详细的实证调查。再说，必须得承认，这种论断是有的放矢的。人性当然可以通过这种方式来发挥作用。人性经常出现在任何收集客观数据的实际努力之中，针对那些只有通过大量的、辛勤的事实调查才能真正回答的问题，提供简单的、便捷的答案。但是，如果仅凭这一点就使得这个概念失去效力，那么马克思主义理论当中还有什么其他概念是完好无损的呢？没有一个概念不可以被如此滥用，也没有一个概念不曾被如此滥用过。阶级、国家、意识形态、生产力、生产关系，它们一直被用来阻挡严肃的思想和研究，但多久一次呢？这本身并不能证明它们没有有效的内容，不能得到合理的应用。在考察任何太过肤浅的人性观诉求时要持有怀疑的态度，这样做的理由非常充分。要仔细考量它们所预设的一致性和固有特性是否可以在生物学、心理学和历史学等科学研究中得以证实，同时还要注意，正是由于它们的普遍性，它们只能带我们走这么远，不能再远了，它们在历史中的解释性作用是有限的。尽管如此，这只是说，就某个关于人性的概括来看，重要的是它的内容是否真实，它声称要解释的是什么，以及它实际上是否确实解释了——我将在下面依次讨论这些问题。我们不能把关于任何概念的这一命题，即无论该概念的内容是什么，仅仅由于其普遍性便认为它与某门科学的理论和程序不相容，当作一个严肃的命题。

9. 接下来我们将考量由这个问题的规范或道德方面引起的反对意见。就像有些人无论如何都要把它归为唯心主义的指责一样，这种反对意见也有不同的说法。一方面，有人可能会认为，关于人性的各种表述实际上是价值判断。因此，它们不可能是真的，因为真理（同样地，谬误）不是价值判断的属性。它们在表达那些人作出价值判断的目的或利益的同时，也许表达了一个阶级和一个时代的意识形态，甚至不可能是客观有效的，那么从认知学的角度来看，它们的表述毫无价值。这种论断是一种误导。关于人性的各种假设当然可以成为规范性判断的一部分基础，这是我接下来要讲的一点。然而，这些假设本身并不一定是规范性判断的实例。当然，它们可能极具争议性，但这不是同一回事。事实上，任何事情都可能如此。

问题的关键不在于人们是否能够或是否真的质疑它们，因为臭名昭著的是，即使真理得到了大量客观证据的支持，这种情况也会发生。例如，纳粹杀害了数百万犹太人。除了始终如一的相对主义者（坦率地说，我不相信他），对所有人来说，问题的关键在于，他们是否愿意通过实证证据来解决争议，至少在原则上是这样。也许人们认为，任何与人性有关的表述都是不存在的。但这肯定是错误的。显而易见的事实是，人类由于其固有本性而需要食物、水、睡眠、抵御自然灾害的住所和性满足；或者，假如有些人认为这是太过粗俗的物质需要，“属人性”不足，那么人类还拥有语言能力、推理能力和生产能力，这些能力在他们之间使得环境改造的意图成为可能，而这是其他地球物种无法做到的。再说，人类普遍有音乐制作和欣赏的能力。至于某些情绪，即愤怒、厌恶、恐惧、快乐、悲伤和惊讶，我们有令人信服的证据，不仅证明了它们的普遍性，而且证明了达尔文的一个论点，即无论是什么文化，由于有生物学起源的原因，各种情绪的面部**表情**都是相似的。①

关于人性的各种主张，从它们的心理动机只不过是想要赞同某个事物的愿望这个意义上来说，**可能**掩盖了一种价值判断。但是，即使在它们很有争议的地方，它们不需要有这样的动机，因此也不应该被认为有这样的动机。例如，我们来讨论一下马克思关于人类对活动的广泛性和多样性的需要的断言。毫无疑问，有些人会质疑它只不过是武断地归纳了他自己碰巧认为合意的东西。但它并非如此。我们可以把它解释为一种实证假设，即一般来说，如果有这样的广泛性和多样性，人们会自己觉得比没有更幸福，比他们受限于

①顺便提一下，有趣的是，最近有一位作者在谈到他所理解的“固有的人性”时提出了一份很不错的人类普遍需要清单，与根据对《德意志意识形态》的理解得到的那份清单相当一致，尽管不完全相同。参见 Barrington Moore, *Injustice. The Social Bases of Obedience and Revolt*, London 1978, p. 6。

很小的追求范围更幸福；而且事实上，如果可以选择的话，他们会选择前者。要拿出证据来证明这一点，实际上肯定是一项比只关注生存需要更复杂、更困难的工作。而且，正如许多假设（作为社会主义和其他激进目标的前提）也是如此一样——例如，一个真正的社会主义民主，在大的工业社会里是切实可行的——在全社会范围内，证明它的结论性证据只能从未来的社会实践和有待建立的制度中获得。[①]同样，理论检验也是长期历史斗争的一个部分——这一斗争可能最后以失败告终。然而，在原则上，假设应该是可以确证的或者可以反驳的。不管怎样，我认为这就是马克思本人对它的看法。不论我说得对不对，我都认为这个假设是正确的，即使是现在，也能够援引很多证据来佐证它。不过，我并不打算在这里讨论这个问题，因为我关注的不是为马克思人性概念的一切内容作辩护，而是在已经表明他确实依赖于一种人性观之后，为他这样做过作辩护。对人类是否需要马克思所考虑的那种自由范围持怀疑态度的那些人，或许可以扪心自问，是否他们并没有比大多数人享受到更多的自由范围。

10.另一方面，即使关于人性的各种表述本身不一定是价值判断，但是它们在促成这些价值判断的原因方面能够发挥并且确实发挥的作用，使得它们成为那些马克思主义者怀疑的对象。对于那些马克思主义者来说，马克思主义在寻求通过他人来解释道德判断之外，与道德判断之间并无任何其他瓜葛。在他们看来，关于马克思主义规范维度的这一观点，以及反过来关于人性无论如何也与一种道德判断相关的观点，所有这些统统都不成立。关于道德概念在马克思主义思想中的地位问题，现在有很多有趣的疑问。譬如，马克思在谴责资本主义社会时遵循过正义概念吗？对此，有些哲学家予以肯定，其他哲学家则予以否定。而且人们怎样才能把他对别人的

①参见 David Beetham's "Beyond Liberal Democracy". *The Socialist Register*, 1981。

伦理声明的批判，甚至是嘲讽，与他自己对那个社会的剥削和压迫特征的强烈的、严厉的谴责统一起来？如何解释在他的意识形态理论中隐含的人们可能称之为“社会学”的伦理学，与他自己所持有的这种“善”的观点之间的关系呢？马克思接受事实和价值之间的区别了吗？尽管经常被人否定，但我认为是这样的。马克思主义能否顾及人权概念？如果能，它与人类基本需要和人类其他需要之间又可能是什么关系？这些问题都很重要，对它们的讨论会有所收获，但这不是本书的主题，要讨论它们可能需要再写一本至少一样长的书。

就我的目的而言，我有足够的理由说，建立在人性概念上的伦理立场是完全可能的，即从逻辑上无可非议、原则上相互一致这个意义上说是可能的。如果人们注重生活和幸福，并且存在必须分别得到满足的普遍需要，以维持和促进生活和幸福，那么这就同时提供了价值和事实，作为规范性判断的一个基础：**在其他条件不变的情况下**，如此需要应当得到满足。[①]事实上，至于最基本的需要，有些哲学家认为，这不仅是一个可能的伦理立场，也是一个必要的立场；从逻辑上来讲，任何道德体系都**必须**使人们担负起设法满足彼此生存需要的义务。我不相信这一点，但这会同样需要比这里篇幅更多的讨论来解释原因，而且需要比扼要讨论更多的讨论。由于不论这种伦理立场确实是必要的，还是仅仅是可能的，它在任何情况下都是可能的，因为它必须是可能的，才能在相关的意义上是必要的。不管怎样，我所查证的文献记录明显存在于马克思的著作中，表明它是他的人性观的规范性功能或用法，可以作为一个可能的、

①“其他条件不变”，以免因此获得的物品以坏的居多，并这样来判断，即要么依据同样的价值观，要么依据可能与它们同等的其他价值观。假设（我肯定这种假设是错的）普遍存在一种暴力残忍的本能，对这种本能的克制甚或升华，使个体比其不受克制时感到更不满足或更满足。这样，尽管它是每个人的一种需要，但根据事实本身来看，这并不表示它值得得到满足。出于对整体福利的考虑，或对个人权利的考虑，或对其他价值观的考虑，对它的满足可能会遭到反对。

在逻辑上连贯的观点来捍卫。

关于马克思主义没有这种规范性维度的论断又当如何？撇开它与上一节相关而不是与本节相关不说，说该论断关涉到卡尔·马克思实际宣传的学说，就是一个纯粹故弄玄虚的伎俩，就连最明智的“解读”程序也不足以隐蔽这一点。就道德概念在马克思思想中的地位问题而言，不论提出什么样的答案，也不论这些答案究竟有多少分量，它们必须与他的作品中明显存在的人类的善这一概念相一致——至少从这种广义上来说，与存在的一个道德学说相一致。正如我说的那样，这一点姑且不论，可以让那些赞成**马克思主义**不具备后一种特征的马克思主义者说说，他们有什么理由，又能给别人提供什么理由，来认为社会主义是一个令人向往和值得为其奋斗的目标，认为剥削及相关因素应当受到谴责；因为尽管每一次都有免责声明，他们一贯以来确实是这样认为的。如果他们能给出他们为什么这样做的理由，那么与这里所捍卫的立场相比，他们的立场是不连贯的，拥有但同时又否认拥有一个评价维度。如果他们没有任何理由，他们应该闭嘴，不要再说好像他们是这样想的。无论如何，与一个有理有据的想法相比，一个无根无据的想法尤其不能自我标榜。如果情况确实是这样：有这样一些马克思主义者，他们实际上并不认为社会主义是一个有价值的目标，也不认为剥削是错误的，他们力戒规范性判断，而且习惯于直抒己见——尽管我想要亲自或在出版物中遇到但还没有遇到过这种现象的一个真实例子——那么这其中便存在着一致性。但是除了一致性之外，或许应该还有其他什么东西把这样一个观点举荐给其他人吗？特别是在这样一个思想传统之中，这个思想传统从一开始便投身于为了实践目标的运动和斗争，沉湎于经验主义的理论和研究。作为逻辑上的一种可能，人们可以执着地抛却关于社会现实的一切道德评价，但到那时他们便与追求没有饥饿、艰辛、统治、战争等等的更美好人生这一目标毫无干系了。这恐怕仍然会留下某种形式的马克思主义，而这样的马克思主义必须具备那样的性质，但这仅仅是一个规定。

11.现在我要谈谈在直接讨论中经常遇到的一种推理，打个譬喻说，一种具有战略撤退性质的推理。其拥护者从质疑人性的存在出发，然后当面对一些人类普遍需要、权力或其他统一性等无可争辩的事实时，说出如下之类的话："哦，好吧……当然，这一切是显而易见的，显而易见到几乎不值一提；就当前目的（讨论马克思或马克思主义、社会、政治、历史等）而言，它鲜有或者毫无意义。"结合这些指控——一方面是极其明显的存在，另一方面是极其无意义——我们希望将一个再也不能直接否定的概念置于认真思考的边缘。我把这两个问题分开来逐一处理。

至于显而易见，简单评论三点就够了。第一，就关于人类共有特征的一些归纳**是**显而易见的真理来说，这是一个支持人性观，而不是反对人性观的论断。第二，在某些特定语境下表述这种显而易见是有意义的。当谬误和荒谬受到维护时就会出现其中的一个语境——诸如此类，为此通常被认为是马克思的观点。这里，我想顺便说一句，我非常清楚，我不得不在本书中论证的许多内容，都是显而易见的。这恰恰归因于马克思这一观点的荒谬之处，我试图批判过这种荒谬；而且或许通过本书能为最终消除这种荒谬作出我所希望的贡献，对其加以解释。第三，正如我们已经注意到的那样，有些关于人性的主张，其真理性**并非**显而易见，而是颇有争议。人们被迫抱怨那些明显真实的东西有多么索然无味——尽管在相当多的情况下，他们在片刻之前还对它们视若不见——但这可以激励他们对这些其他东西产生兴趣。

12.更值得关注的是第二个问题，它涉及对人类普遍特性的存在的重视。有些人即使承认存在一种人性，也会认为轻视这种存在可挽救反对人性的观点的正确性：是的，因此会有这样的说法，这种普遍特性（毕竟）是一个事实，但它却是一个微不足道的事实。由于对这类说法的评价需要某种可以评判的背景，让我来推荐几个这种背景（与讨论马克思或马克思主义、社会、政治、历史等相关），相反的是，在这些语境下，可以看到我们所讨论的这一事实是最重要的。

第一个直接的、紧迫的**实际**问题，表明了为什么人类需要食物、健康的生活和工作环境等等不仅是事实而且很重要，并且这可能只会被那些生活得非常安全、安逸的人所忽视。这个背景就是：每天有4万名儿童死亡；在1979年出生的1.22亿人口中，有1700万人（将近14%）会在5岁前死亡；残疾人总数在3.5亿到5亿之间，而致残的主要原因是贫穷，大约有1亿人是因为营养不良致残；1.8亿儿童得不到足够的食物来维持健康和最低限度的体能活动，导致智力发育迟缓的蛋白质缺乏问题影响到发展中国家1亿名5岁以下儿童（仅在泰米尔纳德邦，每年就有6000名儿童因为他们的饮食中缺乏维生素A而失明，而在孟加拉国，大约有5万至20万名失明儿童）；在第三世界中，超过一半的人口得不到安全饮用水，经水传播的疾病每天夺去约3万人的生命，约占所有疾病的80%；每年有4亿到5亿人感染颗粒性结膜炎，600万儿童死于腹泻；有1500万人因工致残；在玻利维亚的锡矿里，因为矽肺病和肺结核，矿工的平均寿命减少到35岁；在第三世界，每年会有37.5万或更多的人口被农药毒死……

有人会竭力指出，这些明显是历史和政治的现实。当然，它们的确是，但它们有一个无法削减的“人性”成分：属于人类普遍需要和基本需要的一部分，在这种情况下未被满足，被忽视、被挫败，有时还被野蛮地镇压。如果不看绝对数字，它们在道德上的罪大恶极与此有一定关系。而且尽管这些都是我们这个时代的现实，而不是马克思那个时代的现实，但它们和马克思明确表明并公开宣称的“重要”现实同属一类。怎样才能从社会主义政治的视角把它们看作其他情况呢？

还有一个适当的理论背景，这就是：他们自己最有可能想到是谁在诋毁人性观的重要性。即使它确实喻示着某种现实，他们会说，它在马克思主义理论中仍然一无是处；它没有解释，也不能解释任何事情。因此，有位作家在根据阿尔都塞的观点富有同情心地解释唯物主义历史观时，指出“摒弃任何关于整体人性的概念，至少是摒弃任何在历史科学中具有解释性作用的这种概念”。[①]“至少”一词引导的从句，在某种程度上柔化了这里所提出的观点，因而可以理解为我所谈到过的那种共同撤退的简化版。但是，它柔化的程度还不足以使其具有可辩护性。联系到马克思本人提出的历史理论，我们已经看到，这个观点实际上是错误的。一个同时包含有人类共同需要和普遍及特殊能力的人性概念，在解释那些特定的人类社会关系（即生产关系）和解释那种特定的人类变革进程（即历史）中发挥着重要的、非常根本的解释性作用。我们现在可以总结这其中所隐含的东西，并由此表明，与准确解读马克思无关，那些希望否认人性在历史唯物主义中具有重要解释性作用的人，错在对比错误和逻辑上不连贯。因为它们固执地认为，这样一个作用更应落在“一切社会关系的总和”或者类似的东西身上：社会，即社会形态或社会整体、生产模式或生产关系。然后，简单试试给这些概念的含义下个定义——从头开始；在没有取得关于它的任何前置知识的情况下详尽阐述它们的内容。通过这样做，在某种情况下同时指出它们与关涉到人类的关系有关，以及这些都是什么样的存在，会被证明是有必要的。这不仅仅是一句口头表达（不论会是什么），而且是一个实质性的观点；因为所提到的这些关系的一些特征正好归因于**它们所关涉的实体的本性**，也就是说，归因于人类的普遍性格，归因于人性。因此，后者在关于一切社会关系的总和的任何概念中都

①Alex Callinicos, *Althusser's Marxism*, London 1976, p. 69.

是一个基本要素，对它进行考察，不论是明确地还是含蓄地考察，对任何社会理论来说都是绝对必要的，在贬低它的理论作用的同时还夸夸其谈**人类**社会，不论是以什么名义，在逻辑上都是荒谬的。所谓的用历史唯物主义的核心概念来取代人性观，即“理论反人道主义”所指称的那种理论不相容，只不过是夸大其词罢了。

当然，人们的确可以夸大参照人性进行解释的可能性，而马克思主义者擅长发现危险，这也无所谓，因为各式各样的历史狭隘现象，从资本主义竞争到民族主义和国家，有时也是这样解释的。但是，人们也的确可以低估它，而且在历史唯物主义的语境下，这样做的诱惑在一定范围内已经蔚然成风。因此，虽有重复观点之嫌，但为了尽可能旗帜鲜明地反对如此经常遇到的那种相反的论证风格，有必要再说一遍：**历史唯物主义本身，这一源自于马克思的独特的社会学方法，明确无误是建立在人性观之上的**。它凸显了普遍需要和能力之间的那种特定关系，这种关系解释了人类生产过程以及人类对物质环境的有组织的改造；它反过来又把这种过程和改造当作社会秩序和历史变革的基础。[①]因此，换言之，这种假设——人性就其本身而言是普遍存在的、恒定不变的，因此它自己不能解释变革——尽管经常被提出，实际上是不正确的。[②]相反，如果说人类拥有一个历史，产生了最叹为观止的大量的社会形态和形式，那是因为他们所有人的那种存在；人性，再次使我想起我开始时的区分，在解释人的本性的历史特殊性方面发挥着作用。我们可以指出许多明显也是根据该理论假设的其他东西：在人类语言中涉及到复杂交流的共同能力，以及更笼统地说文化和艺术象征主义的共同能力，尽

①参见 Fleischer, *Marxism and History*, p. 49; Andrew Collier, “Materialism and Explanation in the Human Sciences” in Mepham and Ruben, *Issues in Marxist Philosophy*, Vol. 2, pp. 44-45。

②参见柯亨(G. A. Cohen)的评论:*Karl Marx's Theory of History*, p. 152。

管形式上千差万别；**规范**或规则的制定和遵守。这些都是人类普遍特性。或者，进一步抛开该理论的核心关切——尽管这种东西肯定与艺术和文化的核心关切密切相关——我们可以指出，在一切社会中，游戏和其他形式的娱乐从婴儿早期时起就存在了。如果这些形式的多样性，即这个或另一个的各种特殊性，需要有鉴别能力的历史和社会解释，那么对娱乐本身的需要和享受只是这种人性的一个特征，植根于其生物学本质。诸如这些的事实，是如此的根本，以至于人们拥有大把时间，从而视它们为理所当然。但是如果一个人这样做了，然后**忘记**了它们，而且**说**没有这样的事实，没有人性等等，那么他就陷入了一种胡言乱语。[①]

这使得我们能够迅速地处理另外两个常见的论断，它们实际上仅仅是对人性的真理的重要性提出疑问的那个论断的两个变种。然而，在讨论它们之前，我们可能会注意到这里还有一件事，即这样一个领域，在那里可以清楚地看到，上面一个接一个考察过的实践和理论存在重叠。

马克思主义者和社会主义者对固有人性的假设不屑一顾，一般都致力于建立一个根本不同的社会秩序的事业，而且坚信或者至少不反对其可能性，无论他们的设想可能会如何不同。因此，他们一定相信或者一定同意，大部分人可以或者可能会形成能够支撑这样一种社会秩序的素养，无论这些会被认为是怎样的素养：公民智慧、兴趣、责任；相互同情或尊重，一种深层次的人类平等感，利用和享有非常广泛的个人自由的能力，等等（就当前目的而言，这份清单的准确性并不特别重要，每个人都可以创建一份自己的清单）。因为这种信仰，这种马克思主义者和社会主义者把全部的权重放在新

①在这个方面，参见塞巴斯蒂安·蒂姆巴那罗（Sebastiano Timpanaro）关于一楼房客蔑视楼下房客的一个很棒的隐喻：*On Materialism*，London 1975，pp. 44-45。

社会关系和实践的预期效果之上。然而，尽管大量权重真的属于那里，但是仅凭这一点还不太行。如果认为新关系和实践能够产生所讨论的效果，那么就必须假设人类只有在“适当的”环境下，**才有能力**培养必需的素养。这些必须是人类这个物种的成员潜在具有的能力。就像没有鱼能成为莫扎特一样，如果一个物种的大部分成员天生不能在一切条件下具备合乎社会主义的品德，它就不能实现社会主义。当然，这正是后者的许多反对者的看法：不考虑历史环境的话，大部分人类都将是愚蠢或无知而不是聪明伶俐的，是兴趣索然而不是盎然的，畏惧领导但没有真正的责任担当；过于自私、贪婪和争强好胜，不能支撑任何广义的人类团结或共同体；害怕自由太多且又不会利用它。这里可以援引一系列保守的、精英主义的和反民主的思想家为证。不过，关键是这样主张，即只有那些如此否定社会主义可能性的人，而不是那些肯定它的人，才依赖于人性概念，完全貌似有理。因此，不论是明示的还是暗示的，马克思主义和社会主义信仰中的标准实践承诺，都建立在人性的理论假设之上——如果它需要有一个连贯一致的理论基础的话。

13. 人们有时认为，历史唯物主义并非是从人性是每个人固有的这一观点**出发**，而是从他们的社会关系出发；或者，它又把后者而不是前者看作理论**基础**。这一论断在第12点中差不多已经讨论过了。对于那里谈过的内容，我们只需补充一点：如果被确定为该理论的出发点或基础的那些概念本身，在不提及人性概念的情况下，甚至都无法解释，那么它就有权与它们平等地宣称自己是该出发点或基础的一个构成要素。这种观点一再表示，要承认这就相当于方法论上的个人主义，是没有根据的。人类固有的性格成为解释人类的基本社会关系的一部分，既不表示它完全解释了人类的基本社会关系及其变化，也不表示社会现实可以毫无保留地还原为个人的行为和目的，更不表示就社会结构和过程而言，它们在解释这些个人的整体特征中没有占很大的权重。我们的思考不要被这里有些人想要强加的错误对立所束缚。

14.“结构决定其要素构成”。这一公式，即所谓结构因果律的公式，在第12点中的讨论中也已经或多或少有所涉及。只有当“决定”被赋予早前定义的强烈含义，即当一件事完全依赖于另一件事时后者决定前者，这一公式才会对反对人性的论断产生影响。如果在这种情况下提出这样一个经验主义的主张，即**社会关系**的结构决定其要素，那么该主张就是错误的，因为这些特殊要素的特征非但不是完全依赖于这一结构，反而解释了**它的**某些特征。而且另一方面，如果该公式被用来限定结构是什么，那么社会关系的结构就不是规定意义上的结构，这也完全是出于同样的原因。

15.最后，还有另外一个论断，为那些需要它的人提供了一种不一致许可证。当然，我这样说并没有他们在使用它时会蓄意造成前后不一致的意思。我的意思只是，它使得他们能够在一定程度的精神慰藉下适应他们的不一致。我已经说过，否定人性是一种荒谬之举。许多人设法让这种荒谬之举获得通过，因为在否定人性时，他们未能“注意到”，也就是说，他们没有在理论上重视或突出人们一定假设他们在某种程度上熟知的现实。但是，这种未能并不普遍。有些人在抨击人性观时，却不辞辛劳地坚持社会关系正是人类之间的关系这一事实的相关性和重要性，强调人类受到共同的自然或生物的以及社会的决定因素等等支配。[①]这种在其他方面没有异议的声明存在的问题是，在阐述它们时所提出的任何东西，即以填充内容的方式提出的任何东西，其本身会提供一个人性概念，不多也不少。这就是许可不一致存在的论断起作用的地方，它是这样的：尽管人

①John Mepham,“Who Makes History?”, *Radical Philosophy* 6, Winter 1973; Kate Soper,“Marxism, Materialism and Biology”。同时参见 Kate Soper,“On Materialisms”, *Radical Philosophy* 15, Autumn 1976, at pp. 15-17, 20。

类确实有一些普遍的、基于生物学的特性，但它们并非以一个截然不同的或单独分开的现实而存在；**在本体论上**，无法将它们与跟它们浑然一体、不可分割的社会决定因素分离开来。换言之，我们所说的人性，决不会在纯粹的形式中找到，它总是“经过社会中介”。[①]通过这种论断，人们希望能够利用矛盾的两个方面，依赖一方面对任何关于人性的讨论提出疑问，依赖另一方面来讨论对人来说什么是自然的。[②]

我们应该更加谨慎地考察试图使这种混乱思想合理化的推理。它表述了一个重要的真理。但是，尽管如此，这一真理却经常被误用。更为重要的是，它与支持或反对人性的存在或现实不相干。我将详述这两种观点并进行总结。

在这个方面最受欢迎的一个文本是下面这句来自马克思1857年

---

①参见“Marxism, Materialism and Biology”, pp. 61-62, 71-72, 77, 92-93。

②因此，梅法姆认为，人性观和阶级斗争理论“在概念上不相容”(p. 25)，因此可以相应地指“人”的概念的“不足”，甚至指“《资本论》中‘人’的‘不在场’”(pp. 27-28)；他还指出，“人类社会关系只是可能的，因为它们涉及……人类，而不是石头或狗等”。事实证明，可能会有一个有效的“人”的概念，只是它不可能与“马克思之前的总问题”或者“日常生活的意识形态话语”中的那个“人”概念相同(pp. 26-27)——这实质上是说，马克思(这里我们看到了一个关于阿尔都塞对马克思的理解的辩护)，并没有摒弃所有的人性概念，他只是摒弃了他不接受的那些东西。这无疑是对的，但是要比最初指称的概念上不相容弱。索珀指出了“错误地将自然决定因素还原为社会决定因素”的危险(p. 72)，认为人类是“由生物学决定的”，也是“由共同的生物结构以各种方式自然决定的”(p. 78)；然而，她警告说，不能把“固有的性格说成是‘人性的特征’”(p. 96)。她认为，社会特征总是依附于生物特征，“在真实和重要的意义上使自然成为文化产物”；但是随后又补充说，这“并不意味着可以完全根据社会关系来解释它们”(p. 78)。这种模棱两可和困惑无处不在，损毁了其论断原本有的价值。消费是“由人类学因素”“决定”的，即使只是间接地，但似乎不是由“基本的人性”决定的(p. 87)。正如我指出的那样，索珀坚持认为，我们是由生物学决定的，她自己后来又着手认真回答这一问题：我们那样说错在哪儿？她的回答似乎是错在我们可能会陷入把社会决定因素当作自然决定因素的危险——这等同于说，认为自然决定因素是自然的是错误的，因为认为社会决定因素是自然的是错误的。试着总结一下这个逻辑：人们不应该说偶数能被2整除，因为人们可能会说奇数能被2整除，等等。令人高兴的是，索珀紧接着又继续说，我们是由生物学决定的(pp. 95-96)。

《〈政治经济学批判〉导言》中的话："饥饿总是饥饿，但是用刀叉吃熟肉来解除的饥饿不同于用手、指甲和牙齿啃生肉来解除的饥饿。"[①]在大多数情况下，没有必要说马克思在这里不仅提到了不同之处，即使这明显是他的重点所在，而且还提到了一种同一性——"饥饿总是饥饿……"他提到的不同之处，是满足人类共同需要的两种方式之间的区别。在当前语境下，有必要对这一点加以说明，因为他这句话的核心问题，以及他在这里所论述的那个更笼统的核心问题——也就是，生产不仅满足消费的需要，而且还塑造消费的需要——经常被夸大，甚至被用来提倡一种社会或结构性需要理论，而不是人类需要理论。反对意见是不可接受的。尽管社会化过程给人类需要模式带来了丰富的多样性，但这种影响显然有其极限，即受我们这种生物支配的自然极限。因此，比如说，如果我们不曾使用火或电，尽管我们将会不需要食用油，但不是任何东西都能充分满足这种需要，就像最近在西班牙假借食用油的幌子销售有毒物质这一事件所证明了的那样。更笼统地说，食物可以通过无数种方式获取、提供、接受和考虑到。实际上，一些人认为是食物的东西，其他人却不这么认为。但是，再说，不是所有东西都可以成为食物。甚至当我们把关注范围缩小到那些可以成为食物的东西上，也不是它的一切都同样有营养或有益于健康（顺便说一句，这是另一回事了，对社会主义者们来说，它既具有解释性意义，也具有实际意义）。

饥饿总是饥饿，人们会因饥饿而死亡，或者不得不忍饥挨饿地活着，或不得不拖着因为饥饿造成的无法治愈的残疾身躯苟延残喘。当有人因为它而死亡或致残，不论这可能是什么社会原因造成的，也有一些与文化无关的直接原因：身体缺乏蛋白质、维生素、营养

①*Grundrisse*, p. 92.

等。此外，在不考虑社会化、也不管强烈的文化禁忌的情况下，事实通常是，你越觉得饿，有什么东西可以吃就越不重要，只要有东西吃就好。夸大马克思这句话中所表达的差异，以至于完全超过同一性，抹除这里存在的共同人性、共同的食物需要以及当其得不到满足便会接踵而来的共同的饥饿体验，就是对他所表述的真理的误用。那么，难道我们必须说，两个在夜里哭泣的孩子会因为他们的时间、地点和语言不同而没有共同的恐惧情绪吗（恐惧也可以是历史解释中的一个因素）？或者，因为他们使用不同的语言来表达他们所表达的东西，就表示他们在这样做时所使用的不是一种共同的人类能力？还是说，在各种各样的性欲和性快乐中，没有与性高潮等相关的共同体验？流血、睡觉、步行、跑步、手里抓着工具的方式，或者强烈的身体疼痛感，在文化上有多么独特呢？整个推理过程的终点，是一种几近疯狂的文化相对主义。

但是，我的第二个观点在这里更为关键。因为，在马克思观察到的真理变成谬误之前，人们当然不需要夸大。我们可以在把握好分寸的同时使用它，这样做确实有益于提出历史唯物主义的一些基本命题。但是，即便如此，它也与当前所争论的问题无关。可以说，人类的普遍的自然特性并不是在一种纯粹的状态中被发现的，而是经过社会中介过的；它们并没有形成一个**单独分开**的现实，在本体论上来看，与文化诱发的素养截然不同——这与人性概念的有效性并无关联。这一论断，绝不是反对后者所指的现实或存在。想一想，这样一个令人信服的论断包含了什么。当它是什么概念这一问题在本体论上不能被孤立开来并被发现"用自己的双脚"站立时，我们竟然总是不得不摒弃一个概念，就像我们在目前的情况下被建议摒弃人性的概念一样。仅靠明确的解析性区分是不够的，存在主义的分离也会是必需的。那么，我们首先应当摒弃（虽然这一观点的支持者们不会这样做，而且由于一些明摆着的原因，在逻辑上也是不可能的）生产关系的概念。这些并不存在于本体论的孤立中，没有与其他社会现实，如法律、政治、意识形态等等相分开。从存在主义的角度来看，它们本身与这类其他现实之间的联系最为彻底。把生产关系说成是孤立的现实或者是独立存在的，是决没有意义的。因此，这是一个抽象概念。但它是一个有效的概念，并表示一个明确的现实。如果这一点也要被否定，那么人们又怎么能意味深长地声称生产关系具有真实的影响呢？人性的概念也完全一样。它是一个抽象但是有效的概念，表示人类的一些共同的、自然的特性。这些可能不是一个**单独分开**的现实，在本体论上截然不同等等，但**它们是现实**。人们无法一边理智地否认这一点，一边又同时谈及具有真实影响的自然或生物的“决定因素”。

我们可以走得更远。在生产关系之后，我们还可以质疑国家是否在本体论上是单独分开的，并摒弃关于国家的任何概念，因为它不是单独分开的。关于意识形态、阶级斗争、利润率、国家认同等任何概念也是如此。实际上，我们将没有任何概念或差别可以留下，仅有“总体”这一个概念。总之，该论断令人困惑不堪，如果我可以这样说的话，为了使一个完全清晰、切实可行的概念区分变得模糊不清，不惜利用一切事物间密切而基本的联系。当该论断说它能够同样驳倒马克思的全部概念时，它却武断地只针对马克思的一个概念，这种方式表明它是一个令人困惑的论断。这同时明确表明，它是一个毫无根据的偏见。

《提纲》第六条并没有表明马克思摒弃了人性观。马克思没有摒弃人性观——他这么做是对的。

参考文献

1. 马克思和恩格斯的著作

Marx, K., *Capital*, Volume Ⅰ, Harmondsworth 1976.

—*Capital*, Volume Ⅲ, Moscow 1962.

—*A Contribution to the Critique of Political Economy*, London 1971.

—*Grundrisse*, Harmondsworth 1973.

—*Theories of Surplus Value*, 3 volumes, Moscow 1968–72.

—and Engels, F., *Collected Works*, Volumes 1–6, London 1975–76.

—and Engels, F., *Selected Works*, 3 volumes, Moscow 1969–70.

2. 其他参考文献

Althusser, L., *For Marx*, London 1969.

—and Balibar, E., *Reading Capital*, London 1970.

Beetham, D., "Beyond Liberal Democracy", in Miliband, R., and Saville, J. (eds.), *The Socialist Register* 1981, London 1981.

Bottomore, T., "Is There a Totalitarian View of Human Nature?", *Social Research*, Volume 40 No. 3, Autumn 1973.

—and Rubel, M. (eds.), *Karl Marx: Selected Writings in Sociology and Social Philosophy*, Harmondsworth 1963.

Callinicos, A., *Althusser's Marxism*, London 1976.

Cohen, G. A., *Karl Marx's Theory of History: A Defence*, Oxford 1978.

Collier, A., "Materialism and Explanation in the Human Sciences", in Mepham, J., and Ruben, D. -H. (eds.), *Issues in Marxist Philosophy*, Volume 2, Brighton 1979.

—"Truth and Practice", *Radical Philosophy*, No. 5, Summer 1973.

Cumming, R. D., "Is Man Still Man?", *Social Research*, Volume 40 No. 3, Autumn 1973.

Evans, M., *Karl Marx*, London 1975.

Fleischer, H., *Marxism and History*, London 1973.

Hook, S., *From Hegel to Marx*, Ann Arbor 1962.

Kamenka, E., *The Ethical Foundations of Marxism*, London 1972.

McLellan, D., *Karl Marx: His Life and Thought*, London 1973.

McMurtry, J., *The Structure of Marx's World-View*, Princeton 1978.

Mepham, J., "Who Makes History?", *Radical Philosophy*, No. 6, Winter 1973.

Meszaros, I., *Marx's Theory of Alienation*, London 1970.

Moore, B., *Injustice. The Social Bases of Obedience and Revolt*, London 1978.

Ollman, B., *Alienation: Marx's Conception of Man in Capitalist Society*, Cambridge 1971.

Petrovic, G., *Marx in the Mid-Twentieth Century*, New York 1967.

Soper, K., "Marxism, Materialism and Biology", in Mepham and Ruben (see Collier, A., above for details).

—"On Materialisms", *Radical Philosophy*, No. 15, Autumn 1976.

Suchting, W., "Marx's *Theses on Feuerbach*: Notes Towards a Commentary", in Mepham and Ruben (see Collier, A., above for details).

Sumner, C., *Reading Ideologies*, London 1979.

Timpanaro, S., *On Materialism*, London 1975.

Tucker, R., *Philosophy and Myth in Karl Marx*, Cambridge 1961.

Venable, V., *Human Nature: The Marxian View*, Gloucester, Mass. 1975.